U0213365

On-chip Trace Debug
for Embedded Processor

嵌入式处理器
片上追踪调试技术

扈 啸 王耀华 阮 喻◎著

国防科技大学出版社

·长沙·

图书在版编目（CIP）数据

嵌入式处理器片上追踪调试技术/扈啸，王耀华，阮喻著．—长沙：国防科技大学出版社，2021.7

ISBN 978 - 7 - 5673 - 0580 - 9

Ⅰ．①嵌…　Ⅱ．①扈…②王…③阮…　Ⅲ．①微处理器—调试方法　Ⅳ．①TP332

中国版本图书馆 CIP 数据核字（2021）第 131475 号

嵌入式处理器片上追踪调试技术

Qianrushi Chuliqi Pianshang Zhuizong Tiaoshi Jishu

国防科技大学出版社出版发行

电话：（0731）87000353　邮政编码：410073

责任编辑：杨　琴　责任校对：胡诗倩

新华书店总店北京发行所经销

国防科技大学印刷厂印装

*

开本：710×1000　1/16　印张：13.25　字数：245 千字

2021 年 7 月第 1 版第 1 次印刷　印数：1 - 500 册

ISBN 978 - 7 - 5673 - 0580 - 9

定价：49.00 元

前　言

随着信息时代数字化的发展，对嵌入式设备的需求快速增长，嵌入式处理器的复杂性显著提高，已经达到上百个处理器核、百亿晶体管的规模，嵌入式软件的复杂性也不断提高。芯片硅后费用（包括芯片测试和嵌入式软件开发）在整个系统成本中的比例也越来越高。由于产品竞争日趋激烈，对消费类电子等领域的嵌入式产品来说，上市时间在某种程度上已经成为比功能、成本、功耗和体积更关键的指标。同时，尽管软件开发方法在不断发展，软件中的故障还是持续增加。因此，嵌入式处理器硅后测试和软件开发都需要高效的调试手段，以实现对处理器芯片内部信号的采集、提取和分析，提升芯片软硬件复杂运行状态的可观测性和可控制性。

当前，嵌入式处理器的调试手段以串行低速 JTAG 调试接口和入侵式的断点单步调试方法为主，传输带宽低、可观测信号少，这种切片式的调试方法严重破坏了芯片运行的实时性。而片上 trace 调试技术，作为一种非入侵的调试方法，通过专用硬件电路采集和传输处理器内部执行信息，具有可信度高、无须改动代码和不影响系统实时性等优点。采用片上 trace 技术实施非入侵调试，可有效解决当前高集成度和高实时性嵌入式系统的调试困难，因此成为近十多年来嵌入式处理器调试和硅后测试的重要研究方向。

本书针对嵌入式多核处理器的片上 trace 调试关键技术展开研究，对嵌入式处理器的调试模型和片上 trace 的实现模型、trace 信息采集压缩技术、trace 数据流的片上传输技术、片上 trace 的应用技术以及程序控制流错误检测技术，都进行了深入论述和研究。

本书的内容安排和主要特点包括：

第1章和第2章介绍了本书的研究背景和主要内容，并从行业标准、业界产品、仿真器和学术研究四个方面详细介绍了片上调试的技术现状。

第3章基于对调试技术的深入分析，建立了基于存储元件状态集合的嵌入式处理器调试模型，论述了片上 trace 的工作机理、内在优势和实现模型。

第4章在调试模型的研究基础上，提出了一套多核片上 trace 调试框架，并研究了该框架的基本结构和信息采集压缩方式等内容，建立了一套较为完善的嵌入式处理器片上 trace 调试系统。在片上 trace 信息的采集压缩方面，提出了旨在提高压缩率和灵活性的多种方法：设计了可在游程编码和位映射编码间灵活切换的长短串编码方式，可有效压缩条件分支输出消息；设计了使能输出、强制输出和降级输出三类分支输出配置位，获得采集内容与输出数据量的灵活折中；设置了可有效辅助程序调优的事件 trace，集中记录流水线阻塞、Cache 失效和 DMA 操作等信息，并为其设计了可灵活折中采集精度和输出数据量的编码方式；在原有 NOP 指令基础上设计了 NOP_config 配置指令，可在程序运行中非入侵地对 trace 功能进行配置访问。

第5章研究了 trace 的片上传输结构，提出了将多核 trace 数据流汇合至单一端口传输时所需的数据通路结构和调度算法。针对多核 trace 数据流合成的特点，分析了调度算法的设计原则，提出一种基于服务请求门限和最小服务粒度双重约束的懒惰队列调度算法。在多种配置下的模拟实验结果表明，各缓冲队列的队长分布受到其队列服务请求门限的有效控制，各队列缓冲空间得到充分利用，可实现总溢出率下降和各队列溢出率可控的目标，并获得更少的队列切换次数。该算法的实现代价合理，具有良好的可扩展性。

第6章研究了 trace 辅助的多核程序分析、调试与调优。分析了片上 trace 技术的应用范围，通过实例研究了片上 trace 在多核程序分析和调优方面的应用，提出了基于路径 trace 信息的周期预取方法和针对预取的指令排布方法。通过对多核程序的实例研究，该系统可有效辅助调试和调优。代码排布和指令预取是减少指令 Cache 失效的常用技术，本书提出一种将二者结合使用的方法。排布技术关注的是代码执行的空间相对位置，而预取技术关注的是代码执行的时间相对关系。片上 trace 非入侵地获取程序执行路径及其时间信息，将代码执行的时空关系联系起来，从而为两种技术的结合使用提供基础。本书利用程序运行的周期行为特性设置预取，以增加预取容限为目标进行函数级的代码排布，并利用 VLIW 的空闲单元执行预取指令。实验结果表明，本书提出的方法能有效执行预取和减少 Cache 失效。

第 7 章研究了程序控制流错误的在线检测方法。针对嵌入式系统低开销的错误检测需求，结合 DSP 超长指令字的结构特点，提出了一种基于特征值监督和软硬件结合的控制流错误检测方法。设计了弱位置约束的特征值指令，允许在一定范围内搜索空闲指令槽或 NOP 指令位置来执行特征值指令，降低了处理器的性能损失和代码长度开销。设计了低硬件开销的动态特征值修正指令，可根据分支寄存器的内容动态修正预期特征值，同其他硬件实现方法相比扩大了故障检测范围，同软件实现方法相比减少了性能损失。该方法考虑了对特殊结构代码段和特殊错误类型的处理，可以检测 15 种控制流错误和指令码的位翻转错误，具有较高的故障覆盖率和较低的硬件开销。

本书得到国家科技重大专项（2017－Ⅴ－0014－0066）资助，由扈啸、王耀华和阮喻完成。其中，第 1 章和 2 章由阮喻和扈啸共同撰写，第 6 章由王耀华和扈啸共同撰写，其余章节由扈啸撰写。扈啸和王耀华共同负责全书的统稿。

国防科技大学计算机学院领导和同仁为本书的编写提供了大力支持，刘衡竹研究员审阅了书稿，提出了大量宝贵建议，在此一并表示衷心的感谢！

由于该领域发展迅速，技术更新频繁，作者水平有限，时间仓促，书中难免存在不妥之处，恳请读者和专家不吝赐教。

（联系人：国防科技大学计算机学院　扈啸　xiaohu@nudt.edu.cn）

作　者
2021 年 6 月

目　录

第4章 多核片上 trace 调试框架：TraceDo

第5章 trace 片上传输结构

第 6 章　Trace 辅助的程序分析、调试与调优

第 7 章　程序控制流错误的检测方法：V-CFC

第1章 绪 论

1.1 嵌入式系统调试技术概述

本书研究的技术领域是嵌入式系统调试（Debug）技术，具体应用于多核数字信号处理器（Digital Signal Processor，DSP）。

1.1.1 嵌入式系统的调试技术

1.1.1.1 嵌入式系统

在消费类电子、物联网、工业自动化、通信、医疗、汽车等行业对智能化设备的巨大市场需求下，全球嵌入式系统产业得到了快速发展，广泛地服务于人类生活的方方面面。

嵌入式系统（Embedded System）的全称是嵌入式计算机系统，即嵌入对象体系的专用计算机系统。目前国内普遍认同的嵌入式系统定义是：以应用为中心，以计算机技术为基础，软件、硬件可裁剪，适应应用系统对功能、可靠性、成本、体积、功耗的严格要求的专用计算机系统[1]。一般来说，嵌入式系统由嵌入式处理器、外围硬件设备、嵌入式软件三个部分组成，其核心是嵌入式处理器。

当前嵌入式系统的一个重要发展趋势是寻求应用系统在硅芯片上的功能最大化，以提高计算能力，并降低成本、功耗和体积等计算代价。因此，嵌入式处理器的集成度不断提高，从最初仅包括中断和定时器等少量外设的单个处理器核，逐渐向含有大容量存储器、协处理单元和多类型处理器核的片上系统（System on Chip，SoC）发展。

随着 SoC 集成电路复杂度的增加和快速产品化压力的增大，可调试性设计作为硅后调试的支撑技术已成为集成电路设计领域的研究热点[2]。受到设计复杂度高、软件模拟速度慢、时延模型精度低等因素制约，芯片流片前（硅前）验证已无法保证硬件设计的全部正确性，一些设计错误在流片后（硅后）或投入市场后才被发现，造成巨大损失。硅后调试可验证流片后芯片的正确性，并检测、定位和诊断硅前遗漏的设计错误。由于流片后芯片可观测性差，硅后调试成为 SoC 集成电路开发流程中的重要瓶颈，有研究表明其硅后调试往往占用 30% 以上的开发时间。可调试性设计通过在芯片设计阶段增加辅助硅后调试的专用调试电路，可以提高硅后调试时集成电路内部的可观测性，缩短硅后调试时间。

在嵌入式软件方面，嵌入式系统中的软件主要包括硬件驱动程序、嵌入式操作系统和嵌入式应用软件三部分。嵌入式软件功能相对稳定，代码长度有限，一般都固化在非易失性存储器中。从提高代码执行速度和降低存储器成本等多方面考虑，嵌入式软件代码需要高质量和高可靠性，部分嵌入式软件还有一定的实时性要求。因此相对于通用处理器中的程序，嵌入式程序常常需要更精细的调试[1,3]。整个嵌入式系统的调试过程实际上承担了两方面任务：对软硬件设计错误的检测和清除，对程序性能的优化（调优）。

随着嵌入式应用的快速增长，嵌入式软件的规模和复杂性不断提高，嵌入式软件的开发费用在整个系统开发费用中的比例也越来越高。有研究表明，系统的调试时间占系统总的开发时间的 20%~50%[4]。由于产品竞争日趋激烈，对消费类电子等领域的嵌入式产品来说，上市时间在某种程度上已经成为比功能、成本、功耗和体积更关键的指标。

同时，尽管软件开发方法学在不断发展，但软件中的故障（Bug）还是持续增加，几乎占计算机系统故障的 40%[5]。历史上软件缺陷造成的损失数不胜数[6]。丰田、现代、宝马、大众等汽车公司都曾因发动机电子控制单元（Electronic Control Unit，ECU）的软件问题而大量召回缺陷汽车，在电梯和医疗器械产品中也出现过类似的严重问题。

综上所述，嵌入式软件开发是降低产品开发费用、缩短开发周期和提高产品质量的关键阶段，因此，高效的开发调试工具越来越受到关注。

1.1.1.2 嵌入式系统的开发调试技术

嵌入式系统资源有限，在通常情况下只能运行嵌入式操作系统和功能有限的嵌入式应用软件，其自身无法提供调试所需的交互环境和软件工具。因此，嵌入式系统开发调试环境一般在个人微机或工作站中运行。通常，将用于开发嵌入式系统的计算机称为调试主机，将嵌入式软件的运行环境称为目标机，将连接调试主机与目标机的专用硬件装置称为仿真器。

在嵌入式软件开发环境中，核心开发工具是编译器和调试器。当前调试器主要有基于代理程序的软件调试器和基于仿真器的硬件调试器两类。软件调试器是驻留在目标机上的调试代理程序。通过执行自陷指令激活代理程序，调试主机与代理程序通过串口等计算机通用接口完成调试所需交互，再由代理程序在目标机中完成如断点设置和寄存器访问等具体的调试功能。软件调试器适合调试高层应用程序，但在调试硬件驱动程序和操作系统等方面存在一定困难。硬件调试器又可分为在线仿真器（In-Circuit Emulator，ICE）和在线调试器（In-Circuit Debugger，ICD）[7]。

（1）ICE 调试方式采用仿真处理器替代原处理器实现调试功能。仿真处理器与原处理器的结构和功能基本相同，但增加了调试所需的存储器和控制电路。低端嵌入式处理器的面积小而用量大，在芯片内部集成调试逻辑的成本相对较高，因此 ICE 调试方式在低端嵌入式微控制器领域得到广泛使用。仿真处理器需通过插座接入电路板中目标处理器的位置，因此受到当前广泛使用的表贴封装的限制。仿真处理器与原处理器不完全相同（如管脚的电气性能差异）也是 ICE 调试方式的不足。

（2）ICD 调试方式将调试逻辑移入各目标处理器内部，从而弥补了 ICE 调试方式的不足。为避免对处理器功能的影响，片上调试逻辑一般采用专用接口与调试主机通信。为减少占用芯片管脚，当前通行的方法是将该接口与 JTAG 接口复用。随着硅片成本的降低，中高端嵌入式处理器大量采用 ICD 调试方式。

面对多种调试接口和协议带来的不便，IC 厂商、系统制造商和设计工具开发厂商于 1998 年组成了 Nexus 5001 论坛[8]，致力于制定统一的片上通用调试接口，并解决调试运行中的实时系统时所出现的困难。论坛成员包括 Freescale（NXP）、Infineon、NEC、ATI、Ericsson、TI、Analog Devices、Synopsys、Lauterbach、Samtec 等厂商。该论坛提出了 Nexus 标准，即通用嵌入式处理器调试接口标准 IEEE-ISTO 5001™[9]。目前支持 Nexus 标准的处理器主要是 Freescale（NXP）公司的系列处理器[10-11]。嵌入式系统是同具体应用有机结合在一起的，它的升级换代也和具体产品同步进行，因此嵌入式系统产品一旦进入市场，往往具有较长的生命周期。同更新较为频繁的通用计算机软硬件不同，嵌入式系统的硬件和软件都必须高效率地设计，量体裁衣、去除冗余，力争在同样的硅片面积上实现更高的性能。开发调试环境作为程序员与处理器硬件的接口界面，直接影响研发进度和硬件性能的充分发挥。因此各处理器厂商都很重视发展和完善自己的开发调试环境，努力提供功能强大和易学易用的开发工具，以提高处理器的竞争力。同时，大量专门提供开发调试工具的厂商涌现，嵌入式开发工具产业正在蓬勃发展。

1.1.1.3　嵌入式多核 SoC 处理器的开发调试

随着新一代 SoC 技术的发展，单个芯片上集成的复杂功能显著增加，更多的处理单元、特性和功能同时被嵌入一个硅片，独立的逻辑分析仪功能难以满足嵌入式复杂性的调试要求，需要多种基于调试器的诊断工具为嵌入式设计提供辅助支持[12]。

多核处理器芯片结构更是显著增加了系统的复杂度。随着单芯片内多核结构的普及，多处理器系统的调试问题越显突出。在没有多核调试支持的开发环境中，调试者不得不使用多个仿真器和多个调试环境。每次调试一个核，对其他核的工作状态只能进行推测，这不便于调试有复杂通信和数据交换的多核应用。

JTAG 接口的 ICD 方式将调试逻辑嵌入目标机内部。借助 JTAG 协议的支持，可以将多个处理器芯片的调试接口串接至单一仿真器，这为在集成环境下调试多核提供了物理基础。但串接 JTAG 接口会造成调试命令延迟，使得多个核中同步执行调试动作和断点交叉触发都难以精确实现[13]。

当多个处理器核集成在单一芯片内部时，可通过在芯片内增加硬件电路来支持多核调试。各核同步执行调试动作和断点交叉触发是最重要的多核调试功能。当前重要的多核调试解决方案有：ARM 公司的 CoreSight[14-16]，TI 公司的 PDM（Parallel Debugging Manager）[17]，FS2 公司的 MED（Multi-core Embedded Debug）[18]，Infineon 公司的 MCDS（Multi-Core Debug Surport）[19-21]，Wind River 公司的 Workbench On-Chip Debugging[22]以及调试标准 Nexus[7]等。

1.1.1.4　非入侵的嵌入式调试技术：片上追踪

面对嵌入式系统高度集成化和高实时性要求等新特点，传统调试方法和调试工具的效率大大降低，甚至遇到了无法克服的障碍。

（1）软件模拟器（Simulator）是易于使用的低成本调试工具，并且其模拟速度正逐渐获得改善。但嵌入式系统的接口越来越复杂，有多种类型数据持续频繁交换，以致难以对真实环境建模或精确建模[21]。

（2）断点和单步（Break Point/Single Step）是最常用的调试方式。但它们会影响实时系统的程序行为[23]，也难以观察多处理器系统中的并发行为[24-25]。在机电控制系统中，不适当的断点设置会导致系统突然停止运行，容易造成其机械部分损毁或失去控制[21]。

（3）逻辑分析仪（Logic Analyzer）等片外工作的测量仪器不会影响程序运行。但 SoC 芯片的集成度越来越高，很多处理器开始使用片内 Cache，使得大量数据在片内产生并被处理，而在片外难以测量[26-27]，并且处理器接口速度的提高和高密度的 IC 封装也增加了片外测试的难度。

（4）软件代码插桩（Instrumentation）记录运行中的程序信息[28-29]，会占用处理器周期和存储器等嵌入式系统的宝贵资源[30-31]；添加代码是改变程序行为的入侵式方法，记录的信息越多对程序行为影响越大。这些都是有一定实时性要求的嵌入式系统难以接受的。

片上追踪（trace）调试技术以增加芯片面积为代价来解决上述困难，从十多年前开始成为调试技术的研究方向之一[32-41]。主流的嵌入式处理器及内核厂商开始支持片上 trace 调试[14,19-21,42-50]，面向嵌入式调试的 Nexus 标准也规定了片上 trace 的相关协议[8]。片上 trace 调试技术通过专用硬件非入侵地实时记录程序执行路径和数据读写等信息，将其压缩成 trace 消息后经由专用数据通路、输出端口和仿真器传输至调试主机。调试主机中的开发工具解压缩 trace 消息，复现程序运行信息以供调试和性能分析。

当前主要调试方法的分类关系由图 1.1 给出，各自特点的比较由表 1.1 给出。片上 trace 调试作为一种在系统真实工作环境中实施的调试方法，可采集片内执行信息，具有可信度高、无须改动代码和不影响系统实时性等优点。采用片上 trace 技术实施非入侵调试，可有效解决当前高集成度和高实时性的嵌入式系统的调试困难，因此成为近几年来嵌入式处理器调试的重要研究方向。本书从原理、结构和应用等方面对片上 trace 技术展开深入研究。

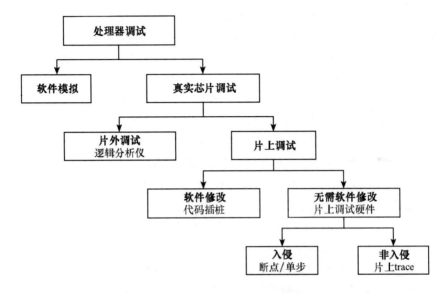

图 1.1　主要调试方法的分类关系

表 1.1　主要调试方法的特点比较

调试方法	可信度	可观测范围	软件修改	实时性影响	片上硬件耗费
软件模拟器	低	全部	小	很大	无
断点和单步	较高	较大	无	大	中
片外测量仪器	高	仅管脚信号	无	无	无
软件代码插桩	较高	中	大	中	无
片上 trace	高	中	无	无	高

1.1.2　嵌入式系统的片上在线错误检测技术

随着嵌入式系统在有高可靠性要求的汽车和航天等领域中得到广泛应用，嵌入式处理器的可靠性成为至关重要的问题。嵌入式系统的生命周期较长，硬件和软件常需要定制设计。在系统开发阶段，主要依赖调试技术尽可能地查找并清除软硬件设计缺陷，以期望系统在投入使用后能够稳定地长期工作。但事实情况并不会如此理想，因而需要容错机制，以使处理器在不可预见的错误发生时能及时检测到错误。调试及容错与嵌入式系统生命周期的关系如图 1.2 所示。

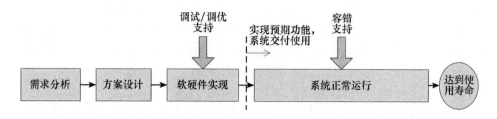

图 1.2 嵌入式系统生命周期中的调试与容错

对于故障（Fault）、错误（Error）和失效（Failure）有多种描述形式，本书采用比较综合的定义[51-52]。系统在运行到一定的时间或在一定的条件下，偏离它预期设计的要求或规定的功能，这种现象称为失效。故障是导致系统失效的似然条件和推理上的原因。系统中的某一个部分由于故障而产生非正常的行为或状态的现象称为错误。错误如果不被排除，将最终导致系统失效。

容错计算机系统包含以下三个基本部分：在线故障检测、回退恢复和重配置[53]。当系统检测到故障或因故障产生的错误时，会重新启动出现错误的任务，或者实施回退恢复到上一个检查点。如果故障是瞬时或间歇式的，几次回退后系统应该可以继续正确运行；如果几次回退后故障仍然存在，表明硬件很可能发生永久故障需要重新配置使用。

非人为因素造成的计算机系统故障主要分为物理原因引起的硬件故障和软硬件的设计故障[52]。硬件故障按照持续的时间又可以分为瞬时故障和永久性故障。瞬时故障数量占硬件故障总数的绝大多数，大约是永久性故障数量的 100 倍以上[55]。瞬时故障持续的时间很短，通常发生后立即消失，硬件系统可以自行恢复正常的功能。一般在不产生歧义的情况下，研究硬件瞬时故障时可不细致区分故障和它引起的错误[51]。

硬件瞬时故障产生的原因主要有以下两方面[56]。一方面，由于集成电路特征尺寸的减小、电源电压的降低和频率的升高，处理器对于串扰、电压扰动、电磁干扰以及辐射等各种噪声干扰变得更加敏感。另一方面，在宇宙射线和高能粒子的辐照作用下，处理器的内部电路还可能产生逻辑状态翻转，即发生单粒子翻转（Single Event Upset，SEU）[57-58]。以上由于各类噪声干扰或者辐照作用而引起的瞬时故障又称为软错误（Soft Error）[59]。

处理器硬件容错可在器件、电路、逻辑、体系结构和系统等不同层次上分别采取措施[60]。由于故障的多样性和不确定性，容错问题不能在器件和电路层次得到完全解决[61]。在较高层次的结构设计中可以采用多种措施来提高处理器的可靠性，包括在系统级以及功能部件级采用冗余备份[60-62]、流水线复制[63-64]、编码纠检错技术[65]（ECC 校验、奇偶校验、剩余码等）、特征值监督技术[53,66-87]，利用空闲资源或者冗余资源进行重复计算[75,88-89]，以及使用多线程容错[90-93]、总线检查[78]和商用器件（Commercial Off The Shelf, COTS）容错[51,94-96]等。

在专用容错处理器方面，有与 SPARC 体系结构兼容的 ERC32[97]、RoCS81[98]和 Leon[63-64]，与 MIPS R3000 指令集兼容的 RH3000[99]等。出于成本考虑，商用处理器一般只在片内集成部分容错与可靠性设计电路。如 IBM 的 G4 和 G5 处理器将整个计算单元进行了复制，增加了用于比较所有指令结果的 R 单元，只有一致的结果才能发射[100-101]；安腾（Itanium）处理器采用了 ECC 校验、多级错误围堵（Multilevel Error Containment）、扩展错误记录（Extensive Error-logging）等技术来提高系统的可靠性与可用性[102]。

对于大部分非空间应用的低成本嵌入式系统来说，恶劣工作环境下的电源波动和电磁干扰等噪声是主要的故障原因，最常用的容错方式是采用"心跳机制"（Heartbeat）的看门狗电路（WatchDog）[60]。这种方式结构简单、成本低廉，实质上是一种程序控制流检测并执行任务回退的极端方式：若程序崩溃或死锁无法再实现对看门狗定时器的周期性复位，则定时器计数溢出时即认为发生控制流错误；而后对整个处理器进行硬件复位，随之而来的系统重启运行相当于对所有任务的回退。但系统重启的代价高昂[60]，错误检测和恢复的时间都较长，还可能对系统功能造成不可挽回的损失。

处理器容错研究的核心问题是在线错误检测与恢复，通过牺牲性能或者增加面积功耗来换取可靠性的提高[56]。相对而言，嵌入式处理器对芯片面积功耗成本和性能损失都比较敏感。当应用于汽车和航天等有高可靠性要求的领域或恶劣的工作环境中时，需要高效的在线错误检测机制。简单的看门狗机制通常不能满足性能要求；若采用三模冗余等大量硬件资源复制的方法，则会增加很高的面积功耗等成本；而若直接借鉴商用处理器的纯软件容错方法，又难以承受较大运行性能损失。因此针对不同应用场合的可靠性要求，采取软件硬件结合的技术路线是嵌入式处理器片上在线错误检测的一个重要研究方向。

1.1.3　高性能嵌入式多核 DSP

DSP 是一种用于数字信号处理的嵌入式专用处理器。与通用微处理器擅长于通用计算与控制不同，DSP 主要用来执行大量的并行数据计算任务。目前，DSP 已经广泛应用于嵌入式计算机、通信基站、移动电话、图像处理等领域。

随着流媒体的广泛应用以及高性能并行计算需求的迅速增大，现有的单核 DSP 结构很难满足计算性能的需求。单芯片多核结构是当前高性能微处理器体系结构最重要的发展方向之一，多核 DSP 已经是高性能信息处理器市场的主力器件。

从 2004 年开始，笔者所在课题组对片上调试和硅后测试技术展开研究，分析了单核 DSP、多核同构和异构处理器以及面向领域 SoC 处理器等一系列调测试需求，研制了 JTAG 调试、仿真调试器、多核交叉触发、片上追踪调试系统和硅后测试等调试方面的功能模块[103−120]。本书依托嵌入式多核 DSP，针对在线调试和错误检测问题进行研究，为嵌入式多核程序开发及可靠运行提供了一定的理论和实践基础。

1.2　研究内容

片上 trace 调试作为一种在处理器运行过程中实施的调试方法，可采集片内执行信息，具有可信度高、无须改动代码和不影响系统实时性等优点。采用片上 trace 技术实施非入侵调试，可有效解决当前高集成度和高实时性嵌入式系统的调试困难，因此成为近几年来嵌入式处理器调试和硅后测试的重要研究方向。归纳起来，片上 trace 技术的基本问题包括实现技术和应用技术两方面，当前的研究主要集中在实现技术方面。

（1）实现技术研究如何设计实现片上 trace 的软硬件结构，包括如何对处理器的执行信息进行采集和压缩，以及如何传输和复现这些信息。

（2）应用技术研究片上 trace 是如何支持调试的，包括如何选取需要记录的处理器执行信息类型，以及如何应用这些信息辅助调试和调优。

为了对片上 trace 技术进行全面深入的研究，本书首先基于多核 DSP 建立了多核片上 trace 调试框架 TraceDo（Trace for Debug and Optimization）。TraceDo 为片上 trace 技术的研究提供了一整套软硬件平台，在此基础上，本书就如下内容展开研究：

（1）模型及原理。尽管支持片上 trace 调试的商业处理器已经出现，但对片上 trace 调试的工作机理和内在优势的深入研究一直很少。因此本书建立了嵌入式处理器的调试模型，阐述了调试所需的可观测性和可控制性的基本含义和必要性，从非入侵的角度分析了当前调试中普遍关注的实时可观测性问题。在此基础上，从分析嵌入式软件的调试阶段入手，讨论了片上 trace 调试方式的内在优势以及与断点调试方式相辅相成的关系，继而总结了片上 trace 技术的关键问题，分析了片上 trace 的信息采集类型，提出了片上 trace 的压缩传输模型和层次实现模型。

（2）采集与压缩。通过对片上 trace 技术的深入分析，总结了其中的关键问题是如何在有限通信带宽的约束下提供满足一定调试需求的片上执行信息。在片上 trace 信息的采集压缩方面提出了一些改进和创新的方法：对程序执行路径（即路径 trace）中的条件分支采用更高效的压缩编码方式，设计用于配置分支输出的功能位；设置专门的功能事件（即事件 trace），采用精度和数据量可灵活折中的编码方式；设计非入侵的配置指令 NOP_config 等。以上方法使调试者能够按照调试需求灵活地控制信息采集总量，充分压缩冗余信息，利用有限通信带宽达到调试目的。

（3）传输结构。trace 片上传输结构用于将编码后的 trace 消息通过专用端口传输至片外，其关键问题是：在有波动的 trace 流量下实现传输结构面积与消息溢出的合理折中。但当前对传输结构的研究均未涉及如何选取数据通路的结构参数，如缓冲容量、缓冲器输入输出端口数目和多路选择器结构等；已有的队列调度策略也存在可改进之处。本书从核内缓冲结构和核间调度算法两方面展开研究。核内缓冲结构是整个片上 trace 硬件面积的关键部分。本书针对一种参数化的传输结构，使用测试程序产生真实的 trace 流量，通过模拟的方法确定了该传输结构的合理参数范围。用于核间 trace 数据流合成的队列调度策略是充分利用各核的内部缓冲、减少溢出的关键问题。本书分析了 trace 数据流合成的特殊性，讨论了调度算法的设计原则，提出了一种根据给定优先级能有效控制队列溢出的调度算法。

（4）调试和扩展应用。有效辅助程序调试是片上 trace 技术的目的所在，但这方面的研究还比较少。本书首先概述了片上 trace 技术的应用范围，而后就单核和多核环境分别给出片上 trace 辅助程序分析、调试和调优的实例。片上 trace 技术作为当前一种难以替代的调试技术，其提供的独特信息还应该可以在更广阔的领域中发挥作用。本书在这方面也进行了尝试，利用片上 trace 提供的带有时间戳的程序执行路径，提出了一种将代码排布和指令预取相结合的方法，可有效进行指令预取并减少指令 Cache 失效。

（5）控制流错误检测。为了使嵌入式系统在其整个生命周期中尽可能地可靠运行，开发调试阶段应进行完整测试，清除潜在的软硬件设计缺陷。在线调试技术可以探测和清除已知的软硬件设计缺陷，但在运行阶段发生的硬件故障则需要在线错误检测机制来处理。在线错误检测是指在处理器运行程序的同时完成错误检测功能。一般来说，嵌入式系统出于对成本和功耗的考虑，要求错误检测的硬件开销和性能代价都尽量小。针对这种需求以及相关研究在错误检测范围和实现代价等方面的不足，并结合 DSP 超长指令字（Very Long Instruction Word，VLIW）的结构特点，本书研究了一种基于特征值监督的软硬件结合的程序控制流错误检测方法。首先对程序控制流错误进行了分析，然后从特征值生成方法、特征值比对、特征值优化和软硬件实现等方面对该方法进行了深入研究，最后对特征值混淆、存储耗费、性能损失、故障覆盖率、故障检测延迟等性能指标进行了实验评估，并同相关研究进行了综合性能比较。

1.3　组织结构

本书共分 7 章，组织结构由图 1.3 给出。

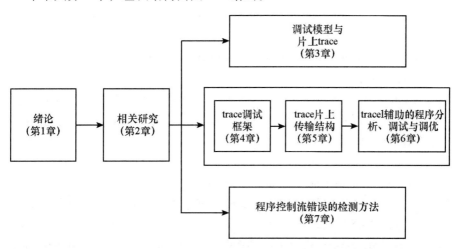

图 1.3　本书的组织结构

本书各章的研究内容如下：第 1 章介绍了本书的研究背景、研究内容和主要工作。第 2 章从学术研究、行业标准和业界产品三个方面介绍了片上调试的技术现状。第 3 章建立了基于存储元件状态集合的嵌入式处理器调试模型，对片上 trace 调试技术的工作机理、内在优势和实现模型等进行了深入分析和研究。第 4 章研究了多核片上 trace 调试框架的数据通路结构和信息采集压缩方式等内容。第 5 章研究了 trace 片上传输结构，提出了将多核 trace 数据流汇合至单一端口传输时所需的数据通路结构和调度算法。第 6 章介绍了 trace 辅助的多核程序分析、调试与调优方法，分析了片上 trace 技术的应用范围，通过实例研究了片上 trace 在多核程序分析和调优方面的应用——基于路径 trace 信息的周期预取方法和针对预取的指令排布方法。第 7 章研究了在线程序控制流错误的检测方法，结合 DSP 超长指令字的结构特点，提出了一种基于特征值监督的程序控制流错误检测方法。

参 考 文 献

[1] 吕京建，肖海桥. 面向二十一世纪的嵌入式系统综述[J]. 电子质量，2001(8)：10 – 13.

[2] 钱诚，沈海华，陈天石，等. 超大规模集成电路可调试性设计综述[J]. 计算机研究与发展，2012，49(1)：21 – 34.

[3] Lee E A. What's ahead for embedded software™[J]. Computer, 2000, 33 (9)：18 – 26.

[4] Gerard V. Trends in debugging technology[J]. Embedded systems conference east, 1998：1 – 9.

[5] Newman M. Software errors cost us economy $59.5 billion annually[EB/OL]. [2020 – 01 – 22]. http://www. abeacha. com/NIST_press_release_ bugs_cost. html.

[6] Famous software disasters [EB/OL]. [2020 – 04 – 25]. http://www. 1stmuse. com/famous_software_disasters/.

[7] 丘凯伦. 嵌入式系统调试方法的分析与比较[J]. 现代计算机，2005 (11)：82 – 84.

[8] Nexus 5001 Forum[EB/OL]. [2020 – 01 – 11]. http://www. nexus5001. org.

[9] IEEE – ISTO 5001™, The Nexus 5001 Forum™ standard for a global embedded processor debug interface. [EB/OL]. [2020 – 04 – 25]. https:// nexus5001. org/nexus – 5001 – forum – standard/.

[10] Dees R. An introduction to the IEEE – ISTO 5001 Nexus debug standard [EB/OL]. [2020 – 04 – 25]. https://nexus5001. org/nexus-5001-forum- print-resources.

[11] Demonstrating software debug and calibration tools utilizing the Nexus 5001 standard[EB/OL]. [2020 – 04 – 25]. https://nexus5001. org/wp – content/

uploads/2015/05/Nexus_5001_Webinar_2013_Final_Presentation. pdf.

[12] Stollon N. On-chip instrumentation: design and debug for systems on chip [M]. New York: Springer Science & Business Media, 2010.

[13] Stollon N, Leatherman R, Ableidinger B, et al. Multi-core embedded debug for structured ASIC systems[C]//Proceeding of Design Conference, 2004:1 –23.

[14] CoreSight technical introduction white paper[EB/OL]. [2020 – 04 – 25]. https://developer. arm. com/documentation/epm039795/latest.

[15] Embedded logic analyzer to observe low-level signals [EB/OL]. [2020 –04 – 25]. https://www. arm. com/products/silicon-ip-system/coresight-debug-trace/coresight-ela – 500.

[16] Embedded cross trigger [EB/OL]. [2020 –04 –25]. https://developer. arm. com/documentation/ddi0314/h/embedded-cross-trigger.

[17] Keystone II architecture debug and trace [EB/OL]. [2020 –04 –25]. http://www. ti. com/lit/ug/spruhm4/spruhm4. pdf.

[18] FS2仿真器[EB/OL]. [2020 – 04 – 25]. https://baike. baidu. com/item/FS2% E4% BB% BF% E7% 9C% 9F% E5% 99% A8/706426? fr = aladdin.

[19] Mayer A, Siebert H, Mcdonald-Maier K D. Debug support, calibration and emulation for multiple processor and powertrain control SoCs [EB/OL]. [2020 – 04 – 25]. https://arxiv. org/abs/0710. 4827.

[20] Braunes J, Spallek R G. Generating the trace qualification configuration for MCDS from a high level language[C]//Proceedings of Design, Automation & Test in Europe Conference & Exhibition. IEEE, 2009: 1560 –1563.

[21] Mayer A, Siebert H, McDonald-Maier K D. Boosting debugging support for complex systems on chip[J]. Computer, 2007, 40(4):76 –81.

[22] 风河嵌入式软件开发工具套件全面升级[EB/OL]. [2020 –04 –25]. http://www. windriver. com. cn/news/press/pr. aspx? newsid = 2.

[23] Sundmark D. Deterministic replay debugging of embedded real-time systems using standard components[M]. Västerås: Mälardalen University, 2004.

[24] Stewart D A, Gentleman W M. Non-stop monitoring and debugging on shared-memory multiprocessors[C]//Proceedings of PDSE'97: 2nd International Workshop on Software Engineering for Parallel and Distributed Systems. IEEE, 1997: 263 –269.

[25] Huselius J. Debugging parallel systems: a state of the art report [R].

Västerås：Mälardalens University, 2002.

[26] Leatherman R, Stollon N. An embedding debugging architecture for SoCs [J]. IEEE Potentials, 2005, 24(1): 12 –16.

[27] Molyneaux R. Debug and diagnosis in the age of system-on-a-chip [C]// Proceedings of International Test Conference, 2003: 1303 –1303.

[28] Anderson J M, Berc L M, Dean J, et al. Continuous profiling：where have all the cycles gone[TM] [J]. ACM Transactions on Computer Systems, 1997, 15 (4): 357 –390.

[29] Gupta R, Mehofer E, Zhang Y. Profile guided compiler optimizations[M]. The Compiler Design Handbook. Boca Raton: CRC Press, 2002.

[30] Hangal S, Lam M S. Tracking down software bugs using automatic anomaly detection[C]//Proceedings of the 24th International Conference on Software Engineering. IEEE, 2002: 291 –301.

[31] Savage S, Burrows M, Nelson G, et al. Eraser: a dynamic data race detector for multithreaded programs [J]. ACM Transactions on Computer Systems, 1997, 15(4): 391 –411.

[32] Hopkins A B T, McDonald-Maier K D. Debug support strategy for systems-on-chips with multiple processor cores[J]. IEEE Transactions on Computers, 2006, 55(2): 174 –184.

[33] Hopkins A B T, Scottow R G, McDonald-Maier K D. Generic data trace unit and trace compression for system-on-chip [C]//Proceedings of IEESoC Design, Test and Technology Seminar, 2004.

[34] Hopkins A B T, McDonald-Maier K D. Debug support for complex systems on-chip: a review [C]//Proceedings of Computers and Digital Techniques, 2006, 153(4): 197 –207.

[35] Huang S M, Huang J, Kao C F. Reconfigurable real-time address trace compressor for embedded microprocessors [C]//Proceedings of 2003 IEEE International Conference on Field-Programmable Technology, 2003: 196 –203.

[36] Kao C F, Lin C H, Huang J. Configurable AMBA on-chip real-time signal tracer[C]//Proceedings of 2007 Asia and South Pacific Design Automation Conference. IEEE, 2007: 114 –115.

[37] Kao C F, Huang I J, Lin C H. An embedded multi-resolution AMBA trace analyzer for microprocessor-based SoC integration [C]//Proceedings of

Design Automation Conference, 2007: 477 - 482.

[38] Kao C F, Huang J. A Cache-based approach for program address trace compression[J]. Target, 2007, 30(003C): 0038.

[39] Kao C F, Huang S M, Huang J. A hardware approach to real-time program trace compression for embedded processors [J]. IEEE Transactions on Circuits and Systems I: Regular Papers, 2007, 54(3): 530 - 543.

[40] MacNamee C, Heffernan D. Emerging on-ship debugging techniques for real-time embedded systems [J]. Computing & Control Engineering Journal, 2000, 11(6): 295 - 303.

[41] Tang S, Xu Q. A multi-core debug platform for NoC-based systems[C]// Proceedings of Design, Automation & Test in Europe Conference & Exhibition. IEEE, 2007: 1 - 6.

[42] ARM CoreSight STM-500 system trace macrocell technical reference manual [EB/OL]. [2020 -04 -25]. https://developer. arm. com/documentation/ddi0528/ b/preface.

[43] AMBA AHB trace macrocell (HTM) technical reference manual[EB/OL]. [2020 - 06 - 22]. http://www. arm. com.

[44] Embedded trace macrocells product overvier[EB/OL]. [2020 - 04 - 25]. https://developer. arm. com/documentation/epm039795/latest.

[45] EJTAG trace control block specification [EB/OL]. [2020 - 06 - 22]. http://www. mips. com.

[46] PDtrace™ interface and trace control block specification[EB/OL]. [2020 -03 - 28]. http://www. mips. com/content/Documentation/MIPSDocumentation/ Process orArchitecture/doclibrary#ArchitectureSetExtensions.

[47] MPC565: 32 bit microcontroller [EB/OL]. [2020 -02 -18]. https:// www. nxp. com/products/processors-and-microcontrollers/legacy-mcu-mpus/ 5xx-controllers/32-bit-microcontroller: MPC565.

[48] MPC5500 family[EB/OL]. [2020 -04 -25]. https://www. nxp. com. cn/ docs/en/fact-sheet/MPC5500FACT. pdf.

[49] DesignWare small real-time trace facility (SmaRT) [EB/OL]. [2020 -04 - 25]. https://www. synopsys. com/dw/ipdir. php? ds = arc_smart_trace.

[50] Litt T. Support for debugging in the Alpha 21364 microprocessor [C]// Proceedings of International Test Conference. IEEE, 2002: 584 - 589.

[51] 高珑. 面向硬件故障的软件容错：模型，算法和实验[D]. 长沙：国防科技大学，2006.

[52] 徐拾义. 可信计算系统设计和分析[M]. 北京：清华大学出版社，2006.

[53] Chen Y Y. Concurrent detection of control flow errors by hybrid signature monitoring[J]. IEEE transactions on Computers, 2005, 54(10): 1298 – 1313.

[54] Avizienis A. Toward systematic design of fault-tolerant systems[J]. Computer, 1997, 30(4): 51 – 58.

[55] Clark J A, Pradhan D K. Fault injection a method for validating computer-system dependability[J]. Computer, 1995, 28(6): 47 – 56.

[56] 黄海林，唐志敏. 容错处理器设计概述[J]. 信息技术快报，2005, 21 – 29.

[57] Normand E. Single event upset at ground level[J]. IEEE Transactions on Nuclear Science, 1996, 43(6): 2742 – 2750.

[58] Koga R, Penzin S H, Crawford K B, et al. Single event upset (SEU) sensitivity dependence of linear integrated circuits (ICs) on bias conditions [J]. IEEE Transactions on Nuclear Science, 1997, 44(6): 2325 – 2332.

[59] O'Gorman T J, Ross J M, Taber A H, et al. Field testing for cosmic ray soft errors in semiconductor memories [J]. IBM Journal of Research and Development, 1996, 40(1): 41 – 50.

[60] Iyer R K, Nakka N M, Kalbarczyk Z T, et al. Recent advances and new avenues in hardware-level reliability support [J]. IEEE Micro, 2005, 25(6): 18 – 29.

[61] Adve S V, Sanda P. Guest editor's introduction: reliability-aware microarchitecture [J]. IEEE Micro, 2005(6):8 – 9.

[62] Lyons R E, Vanderkulk W. The use of triple-modular redundancy to improve computer reliability[J]. Microelectronics Reliability, 1963, 2(2):155.

[63] Pradhan D K. Fault-tolerant computer system Design [M]. Upper Saddle River: Prentice Hall, 2003.

[64] Gaisler J. A portable and fault-tolerant microprocessor based on the SPARC V8 architecture[C]//Proceedings of International Conference, 2002.

[65] Gaisler J. A portable and fault-tolerant microprocessor based on the SPARC V8 architecture[C]//Proceedings of International Conference, 2002: 409 – 415.

[66] Bares J, Hebert M. Ambler: an autonomous rover for planetary exploration [J]. Computer, 1989, 22(6): 18 – 26.

[67] Alkhalifa Z, Nair V, Krishnamurthy N, et al. Design and evaluation of system-level checks for on-line control flow error detection. [J]. IEEE Transactions on Parallel & Distributed Systems, 1999, 10(6): 627 –641.

[68] Borin E, Cheng W, Wu Y, et al. Software-based transparent and comprehensive control-flow error detection[C]//Proceedings of International Symposium on Code Generation and Optimization. IEEE, 2006: 333 –345.

[69] Fazeli M, Farivar R, Miremadi S G. A software-based concurrent error detection technique for powerpc processor-based embedded systems[C]// International Symposium on Defect & Fault Tolerance in Vlsi Systems, 2005: 266 –274.

[70] Goloubeva O, Rebaudengo M, Reorda M S, et al. Soft-error detection using control flow assertions[C]//Proceedings 18th IEEE Symposium on Defect and Fault Tolerance in VLSI Systems. IEEE, 2003: 581 –588.

[71] Sedaghat Y, Fazeli M. A software-based error detection technique using encoded signatures[C]//2006 21st IEEE International Symposium on Defect and Fault Tolerance in VLSI Systems. IEEE, 2006: 389 –400.

[72] Oh N, Shirvani P P, Mccluskey E J. Control-flow checking by software signatures[J]. IEEE Transactions on Reliability, 2002, 51(1):111 –122.

[73] Venkatasubramanian R, Hayes J P, Murray B T. Low-cost on-line fault detection using control flow assertions[C]//Proceedings of the 9th IEEE On-Line Testing Symposium, 2003: 137 –143.

[74] 李爱国, 洪炳熔, 王司. 一种软件实现的程序控制流错误检测方法[J]. 宇航学报, 2006(6): 1424 –1430.

[75] Schuette M A, Shen J P. Exploiting instruction-level parallelism for integrated control-flow monitoring[J]. IEEE Transactions on Computers, 1994, 43(2):129 –140.

[76] Madeira H, Silva J G. On-line signature learning and checking: experimental evaluation [C]//Proceedings of Advanced Computer Technology, Reliable Systems and Applications. IEEE, 1991,642 –646.

[77] Michel T, Leveugle R, Saucier G. A new approach to control flow checking without program modification[M]. Montreal: IEEE, 1991.

[78] Rajabzadeh A, Miremadi S G. A hardware approach to concurrent error detection capability enhancement in COTS processors[C]//Proceedings of

11th Pacific Rim International Symposium on Dependable Computing. IEEE, 2005: 83 – 90.

[79] Bernardi P, Bolzani L, Rebaudengo M, et al. A new hybrid fault detection technique for systems-on-a-chip [J]. IEEE Transactions on Computers, 2006, 55(2): 185 – 198.

[80] Chen Y Y, Chen K F. Incorporating signature-monitoring technique in VLIW processors [C]//Proceedings of 19th IEEE International Symposium on Defect and Fault Tolerance in VLSI System. IEEE, 2004: 395 – 402.

[81] Li X, Gaudiot J L. A compiler-assisted on-chip assigned-signature control flow checking [C]//Proceedings of Advances in Computer Systems Architecture, 2004: 554 – 567.

[82] Madeira H, Rela M, Furtado P, et al. Time behaviour monitoring as an error detection mechanism [C]//Proceedings of 3rd IFIP working conference on dependable computing for critical applications, 1992: 121 – 132.

[83] Ohlsson J, Rimén M. Implicit signature checking [C]//Proceedings of Twenty-Fifth International Symposium on Fault-Tolerant Computing. IEEE, 1995: 218 – 227.

[84] Rajabzadeh A, Mohandespour M, Miremadi G. Error detection enhancement in COTS superscalar processors with event monitoring features [C]// Proceedings of 10th IEEE Pacific Rim International Symposium on Dependable Computing. IEEE, 2004: 49 – 54.

[85] Saxena N R, McCluskey E J. Control-flow checking using watchdog assists and extended-precision checksums [J]. IEEE Transactions on Computers, 1990, 39(4): 554 – 559.

[86] Schuette M A, Shen J P. Processor control flow monitoring using signatured instruction streams [J]. IEEE Transactions on Computers, 1987, 36 (3): 264 – 276.

[87] Wilken K, Shen J P. Continuous signature monitoring: low-cost concurrent detection of processor control errors [J]. IEEE Transactions on Computer-Aided Design of Integrated Circuits and Systems, 1990, 9(6): 629 – 641.

[88] Woodruff R L, Rudeck P J. Three-dimensional numerical simulation of single event upset of an SRAM cell [J]. IEEE Transactions on Nuclear Science, 1993, 40(6): 1795 – 1803.

[89] Irom F, Farmanesh F F, Johnston A H, et al. Single-event upset in commercial silicon-on-insulator PowerPC microprocessors [C]//Proceedings of IEEE International SOI Conference. IEEE, 2002.

[90] Mukherjee S S, Kontz M, Reinhardt S K. Detailed design and evaluation of redundant multi-threading alternatives [C]//Proceedings 29th annual international symposium on computer architecture. IEEE, 2002: 99 – 110.

[91] Gomaa M, Scarbrough C, Vijaykumar T N, et al. Transient-fault recovery for chip multiprocessors [C]//Proceedings of 30th Annual International Symposium on Computer Architecture. IEEE, 2003: 98 – 109.

[92] Reinhardt S K, Mukherjee S S. Transient fault detection via simultaneous multithreading [C]//Proceedings of 27th International Symposium on Computer Architecture. IEEE, 2000: 25 – 36.

[93] Vijaykumar T N, Pomeranz I, Cheng K. Transient-fault recovery using simultaneous multithreading [C]//Proceedings of 29th Annual International Symposium on Computer Architecture. IEEE, 2002: 87 – 98.

[94] Oh N. Software implemented hardware fault tolerance [D]. Los Angeles: Stanford University, 2001.

[95] Oh N, Mitra S, Mccluskey E J. ED 4I: error detection by diverse data and duplicated instructions [J]. IEEE Transactions on Computers, 2002, 51 (2): 180 – 199.

[96] Rajabzadeh A, Miremadi S G, Mohandespour M. Error detection enhancement in COTS superscalar processors with performance monitoring features[J]. Journal of Electronic Testing, 2004, 20(5): 553 – 567.

[97] Gaisler J. Evaluation of a 32-bit microprocessor with built-in concurrent error-detection [C]//Proceedings of IEEE 27th International Symposium on Fault Tolerant Computing. IEEE, 1997: 42 – 46.

[98] Chardonnereau D, Keulen R, Nicolaidis M, et al. Fault tolerant 32-bit RISC processor: implementation and radiation test results [C]//Proceedings of Single Event Effects Symposium, 2002.

[99] Shirvani P P. Fault-tolerant computing for radiation environments [D]. Los Angeles: Stanford University, 2001.

[100] Spainhower L, Gregg T A. G4: A fault-tolerant CMOS mainframe [C]// Proceedings of Twenty-Eighth Annual International Symposium on Fault-

Tolerant Computing. IEEE, 1998：432 –440.

[101] Slegel T J, Averill R M, Check M A, et al. IBM's S/390 G5 microprocessor design[J]. IEEE Micro, 1999, 19(2)：12 –23.

[102] Quach N. High availability and reliability in the Itanium processor [J]. IEEE Micro, 2000, 20(5)：61 –69.

[103] 陈书明,李振涛,万江华,等."银河飞腾"高性能数字信号处理器研究进展[J].计算机研究与发展, 2006(6)：993 –1000

[104] 张新芳."银河飞腾"DSP 片上调试结构的设计与实现[D].长沙：国防科技大学, 2006.

[105] 陈莉丽."银河飞腾"系列 DSP 调试环境的设计与实现[D].长沙：国防科技大学, 2006.

[106] 彭贵福.银河飞腾 DSK 板及其 USB 2.0 仿真器设计[D].长沙：国防科技大学, 2007.

[107] 邢克飞,张传胜,王京,等.数字信号处理器抗辐射设计技术研究[J].应用基础与工程科学学报, 2006(4)：572 –578.

[108] 邢克飞,王跃科,扈啸.银河飞腾 DSP 芯片总剂量辐照试验研究[J].半导体技术, 2006(07)：493 –494, 505.

[109] A BDTI Analysis of Texas Instrument TMS320C64x[EB/OL].[2020 –2 – 20]. http://www.BDTI.com.

[110] 李杰.YHFT-QDSP 的片上实时调试结构设计和实现[D].长沙：国防科技大学, 2007.

[111] 高晓梅.嵌入式多核处理器 JTAG 调试的设计与实现[D].长沙：国防科技大学, 2008.

[112] 张颖.X-DSP 可测性设计与片上调试技术的研究与实现[D].长沙：国防科技大学, 2009.

[113] 王雪梅.嵌入式多核处理器的仿真器设计[D].长沙：国防科技大学, 2010.

[114] 王慧丽.支持仿真/调试的指令派发部件设计与实现[D].长沙：国防科技大学, 2012.

[115] 黄婉铭.基于以太网接口的 YHFT-DSP 仿真器设计[D].长沙：国防科技大学, 2015.

[116] Xiao H, Shuming C. Scheduling for Traffic Combination of Multi-Core Trace Data[J]. Journal of Computer Research and Development, 2008, 45

（3）：417 – 427.

［117］ Hu X, Chen S. Applications of on-chip trace on debugging embedded processor［C］//Proceedings of Eighth ACIS International Conference on Software Engineering, Artificial Intelligence, Networking, and Parallel/ Distributed Computing. IEEE, 2007, 1：140 – 145.

［118］ Hu X, Ma P Y, Chen S M, et al. TraceDo：an on-chip trace system for real-time debug and optimization in multiprocessor SoC［C］//Proceedings of Parallel and Distributed Processing and Applications. Springer, 2006.

［119］ Chen S, Hu X, Liu B, et al. An on-line control flow checking method for VLIW processor ［C］//Proceedings of 13th Pacific Rim International Symposium on Dependable Computing. IEEE, 2007：248 – 255.

［120］ 扈啸. 嵌入式多核处理器在线追踪调试与错误检测关键技术研究［D］. 长沙：国防科技大学, 2007.

第 2 章 片上调试技术的相关研究

本章介绍了片上调试技术的相关研究工作和产品，分为协议标准、行业主流产品和学术研究三个部分。

2.1 协议标准

2.1.1 JTAG 标准

JTAG 是一种国际标准测试协议（IEEE STD 1149.1），主要用于芯片内部测试[1]。现在多数的高级器件都支持 JTAG，如 DSP、FPGA 器件等。标准的 JTAG 接口是 4 线信号，即模式选择（TMS）、时钟（TCK）、数据输入（TDI）和数据输出（TDO），以及一个可选的复位信号（TRST），如图 2.1 所示。JTAG 的基本原理是：在器件内部定义一个测试访问端口（Test Access Port，TAP），将芯片内部的专用测试寄存器串接起来（称为扫描链）。通过专用 JTAG 测试工具，测试数据在 TCK 和 TMS 的控制下，由 TDI 输入，由 TDO 输出，从而实现对内部各个测试寄存器的串行读写（扫入、扫出），完成相应的测试功能。JTAG 允许多个器件通过 JTAG 接口串联成一个 JTAG 链，实现对各个器件分别测试。

JTAG 最初是用来对芯片进行测试的，现在 JTAG 接口还广泛用于实现在线调试和在系统编程。片上调试通过 JTAG 接口对芯片内部的调试寄存器、功能寄存器和各种存储器进行访问。由于标准 JTAG 是 4 线串行协议，一般采用单端信号，读写速度是 100 kbit/s ~ 10 Mbit/s，因此部分厂商采用 JTAG 实现调试功能时，会增加专用管脚（如 EMU0、EMU1 等）辅助调试，以提高读写速度。在系统编程通过 JTAG 实现对 FLASH 等器件烧写、擦除等扩展功能，

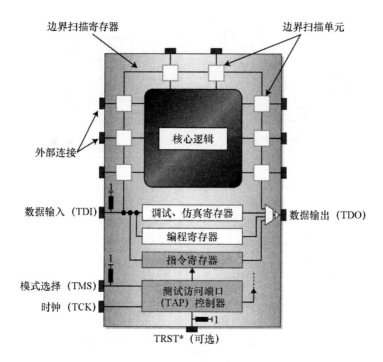

图 2.1　JTAG 控制器结构

其实现机理与片上调试方式类似。

在连接器方面，JTAG 没有定义标准的接插件接口，因此各厂商的定义会有不同。图 2.2 列举了 4 种常见的接插件接口。

由于芯片集成度的不断增加和对低功耗设计的要求，原先基于 IEEE 1149.1 标准开发的 JTAG 接口不能满足当今设计的需要，业界继而提出了 CJTAG 接口[2]。CJTAG 基于 IEEE 1149.7 标准提供了一个更先进的测试和调试接口，保持了对 IEEE 1149.1 协议软件和硬件的兼容性，提供了一个可扩展的方案以满足现代处理器多模块复杂系统的需要。

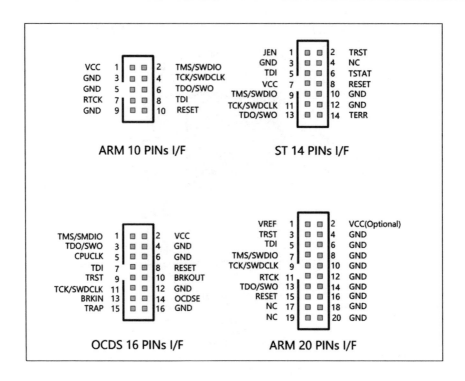

图 2.2　常见 JTAG 接插件接口

2.1.2　Nexus 标准

　　IC 厂商、系统制造商和设计工具开发厂商致力于制定统一的片上通用调试接口，并解决调试运行中的实时系统时所出现的困难，于 1999 年提出一种通用嵌入式处理器调试接口标准——Nexus 标准（IEEE – ISTO 5001）[3]。参加该组织的成员包括 Freescale（NXP）、Infineon、NEC、ATI、Ericsson、TI、Analog Devices、Synopsys、Lauterbach、Samtec 等厂商。

　　目前 Nexus 标准有三个版本：Nexus 5001™ – IEEE – ISTO 5001 1 – 1999（Nexus 1999），IEEE – ISTO 5001 – 2003（Nexus 2003）和 IEEE-ISTO 5001 – 2012（Nexus 2012）。Nexus 2012 修订版主要增加了对两个新接口的支持：IEEE 1149.7 接口（扩展 JTAG）和 Xilinx 公司 Aurora 高速 SerDes 接口。支持 Nexus 标准的设备包括处理器、仿真器和接插件等[4-5]。其中，处理器主要包括原 Freescale 公司研制的系列处理器（如 PowerPC 系列、ARM7/9 系列和

StartCore DSP 等），Lauterbach 公司的 TRACE32 仿真器支持 Nexus 调试标准，Samtec 公司提供符合 Nexus 标准的接插件和线缆。

Nexus 标准定义了四层逐渐扩展的调试功能以适应不同应用环境的需要，提供了通用性好、可扩展性强的片上 trace 协议[3]。它的 trace 消息格式包括一个 6 位定长的消息头和几个后继数据字段。数据字段以位为单位可变长度，包括可选的消息源字段和时间戳字段。Nexus 的消息格式避免了消息自身携带消息长度信息和字段长度信息，又可利用按位变长的字段格式来消除冗余。但在固定宽度的片外接口和数据通路中传输消息时，变长的字段长度和不定的字段个数带来了字段切分上的困难。由于仅输出成功的分支转移，Nexus 消息中需要额外的 I-CNT 字段来区分成功和不成功的分支指令，这也增加了消息中的冗余。支持 Nexus 标准的处理器主要是 Freescale 公司的产品，如 MPC560 系列[6]和 MPC5500[7]系列处理器分别采用了 Nexus 1999 和 Nexus 2003 标准实现片上 trace 调试。

2.1.3　MIPI 标准

移动产业处理器接口（Mobile Industry Processor Interface，MIPI）标准是 MIPI 联盟发起的为移动应用处理器制定的一个开放标准规范。MIPI 联盟[8]于 2003 年由 ARM、诺基亚、意法半导体和德州仪器发起成立，目前包括 300 多家成员公司和 14 个活跃的工作组，负责在移动生态系统内提供规范。该联盟的成员包括手机制造商、原始设备制造商、软件提供商、半导体公司、应用处理器开发商、IP 工具提供商、测试和测试设备公司，以及相机、平板电脑和笔记本电脑制造商。MIPI 联盟定义了一套统一的协议和标准，把移动设备内部的接口如摄像头、显示屏、基带、射频接口等标准化，从而增加设计灵活性，同时降低成本、设计复杂度、功耗和电磁干扰，以满足各种子系统独特的要求。这些子系统包括：图像子系统（摄像头和显示器）、存储子系统、无线子系统、电源管理子系统、低带宽系统（音频、键盘、鼠标、蓝牙）等。

在传统的电子系统设计中，各类传感器与处理器之间的接口标准有很多，如 UART 协议、I2C、I2S、SPI、SDIO，以及各种与摄像头传感器和显示屏相关的并行接口。多种不同的接口标准导致设计复杂。同时，通常摄像头传感器的并行接口要用到 10 根以上信号线，而显示屏经常用到多达 20 根信号线，在成本、大小、重量和可靠性方面都没有优势。MIPI 改变了传统接口与多个物理层相关的方式，不同设备互联只使用 D-PHY 或者 M-PHY 两个物理层。

MIPI 标准覆盖非常多的应用领域。在调试和追踪方面，对于体积、管脚严重受限的物联网和移动应用而言，减少专用接口或重用已有接口尤其重要。在开发调试和追踪的标准规范时，MIPI 标准的原则包括：

（1）最小化管脚成本，并提高调试接口的性能。

（2）增加高性能接口的带宽、功能和可靠性，以将高带宽、单向的处理器追踪信息导出到调试工具。

（3）设计片外硬件功能强大的调试连接器，以满足高带宽需求。

（4）开发通用追踪协议，允许将许多不同的片上追踪源信息汇聚到单个追踪信息流中。

（5）最大化现场实时系统中的调试可观测性。

（6）利用移动设备领域先进的高带宽专用接口进行调试传输。

从最底层的硬件到软件层，MIPI 采取分层的方法来进行调试和追踪，提供了九种 MIPI 调试和追踪规范[9]：

（1）MIPI 窥视调试协议（MIPI Sneak Peek Protocol，MIPI SPP），通过在调试测试系统（Defect Trace System，DTS）和移动终端目标系统（Target System，TS）之间进行通信，利用 DTS 中的软件通过地址映射方式实现 TS 调试操作。

（2）MIPI 系统软件追踪（MIPI System Software-Trace，MIPI SyS-T），定义一种通用数据格式，用于传输软件调试和追踪信息。

（3）MIPI 调试和测试窄带接口（MIPI Narrow Interface for Debug and Test，MIPI NIDnT），使用设备标准化低速接口用于调试和测试过程。

（4）MIPI 系统跟踪协议（MIPI System Trace Protocol，MIPI STP），是面向特定应用实现追踪功能的通用数据协议，提供一种在软件、固件或硬件实现之间交换调试信息的便捷方法。

（5）MIPI 追踪包装协议（MIPI Trace Wrapper Protocol，MIPI TWP），分配系统唯一标识，使多个来源的追踪信息流合并为一个封装的追踪信息流。

（6）MIPI 高速追踪接口（MIPI High-Speed Trace Interface，MIPI HTI），利用高速串行接口技术，重用这些接口的底层物理高速接口，通过更少的 I/O 管脚提供更高的传输带宽。

（7）MIPI 并行追踪接口（MIPI Parallel Trace Interface，MIPI PTI），利用多数据信号线的并行数据接口，将有关系统功能和行为的追踪信息导出到主机系统以进行分析和显示。

（8）MIPI IP 千兆调试（MIPI Gigabit Debug for IP Sockets，MIPI GbD IPS），

使用 IP 套接字协议实现各种类型连接设备的远程调试。

（9）MIPI USB 千兆调试（MIPI Gigabit Debug for USB，MIPI GbD USB），使用 USB 接口协议实现各种类型连接设备的远程调试。

其中，MIPI STP 定义了打包的信息流格式，包括数据类型（Message Type）和后续的数据（Data）。为保证信息的实时有效性，协议打包过程会在每个信息包的第一个数据前面添加一个时间戳（Time Stamp）信息。

MIPI HTI 利用 PCI-Express、DisplayPort、HDMI 或 USB 等标准协议中使用的高速串行接口技术来提供更高的传输带宽。与 MIPI GbD IPS 或 MIPI GbD USB 不同，MIPI HTI 并不直接使用 USB 等接口的高级协议，而是仅重用底层物理接口，使用与 Nexus 协议相同的轻量级 Aurora 协议（Aurora 8B/10B 协议规范，SP002 v2.3），实现由 1～8 个高速串行通道组成的独立单向的追踪信息流。

2.2　商业处理器中的片上 trace

当前提供片上 trace 解决方案的嵌入式处理器厂商和内核供应商包括 NXP Freescale[6-7]、ARM[10-15]、TI[16-17]、MIPS[18-19]、Infineon[20]、Synopsys ARC[21] 和 Xilinx[22] 等，开发工具厂商也纷纷针对相应的处理器提供片上 trace 调试支持[23-25]。

（1）ARM 公司

ARM 公司的 CoreSight 技术提供了一套支持多核 SoC 的协同调试结构，为复杂 SoC 设计的调试和追踪提供了解决方案[10-12]。CoreSight 的功能包括调试和追踪两方面。调试指的是使用复杂的触发和监控资源观察或修改 SoC 部分状态的功能，如处理器和外设的寄存器值。调试通常包括在观察到故障后停止执行，并回溯收集状态信息来调查问题。追踪功能则连续收集系统信息，以便之后进行离线分析。

CoreSight 典型结构如图 2.3 所示。其中，嵌入式追踪宏单元（Embedded Trace Macrocell，ETM）[13] 和 AHB 总线追踪宏单元（AHB Trace Macrocell，HTM）等模块分别完成对处理器内核和总线的 trace 数据采集和压缩；追踪聚合（Trace Funnel）模块将多个数据源的输出数据合并后，传输至片内的嵌入式追踪缓冲器（Embedded Trace Buffer，ETB）中存储，或经由追踪接口转接单元（Trace Port Interface Unit）和追踪端口（Trace Port）传输出至片外。

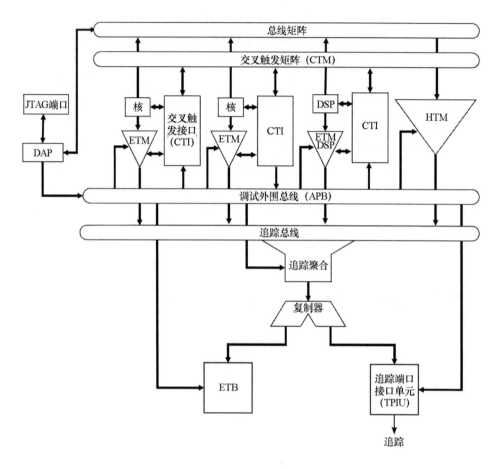

图 2.3 CoreSight 结构示意图

CoreSight 技术功能非常丰富，包括精简程序控制流追踪功能（程序追踪宏单元（Program Trace Macrocell，PTM））[14]、采用软件插桩方式由程序主动输出信息的系统级追踪功能（系统追踪宏单元（System Trace Macrocell，STM））[15]、强大的触发功能（嵌入式交叉触发器（Embedded Cross Trigger，ECT））和丰富的信息记录过滤功能等。CoreSight 组件中还包括提供地址偏移的 ROM 表，以便外部调试器唯一地识别该 SoC 和发现系统中的所有调试组件，能够以内存映射的方式直接使用每个调试组件配置寄存器。

ETM 和 HTM 均采用了以字节为单位变长编码的消息格式。ETM 的 v3. x 版本采用位映射和游程编码的方式记录每条指令是否执行的信息，但压缩效果有限；对分支转移目的地址和数据访问地址采用相异部分传输的压缩方式，即以字节为单位只传送与上次传输不同的低字节部分。HTM 用多个地址和数值比较器触发采集并过滤数据，也采用相异部分传输的方式压缩访问地址，但没有压缩访问的数值。Trace Funnel 模块将多来源的 trace 数据流合并后传输，采用非抢占式穷尽优先服务的调度策略，尽管设置了最小服务粒度，但仍会造成各高优先级队列的缓冲空间尚未充分利用，而最低优先级队列溢出严重的现象。CoreSight 的配置寄存器可由访存指令或 JTAG 端口访问。

（2）TI 公司

TI 公司在其部分高端系列 DSP 中支持追踪功能[16]。通过器件的 EMU 管脚实现追踪信息传输功能。支持三种追踪功能类型：DSP 核追踪、ARM 核追踪和符合 MIPI 协议的系统追踪（System Trace）。TI 公司原厂提供的 XDS Pro Trace 仿真器支持以上全部三种追踪功能，而 XDS560V2 系统追踪仿真器仅支持系统追踪功能。当使用追踪功能时，一般的 TI – 14 或 TI – 20 管脚接口已不能满足传输带宽要求，而需要 TI – 60 或 MIPI – 60 接口脚仿真调试接口。TI – 60 的信号定义包括：用于 JTAG 协议的 6 根信号线，用于辨识仿真器类型的 4 根 ID 信号线，用于调试功能扩展的 19 根 EMU 信号线，用于器件复位的 1 根控制信号，以及用于提供 JTAG IO 参考电压的 1 根信号线。MIPI – 60 接口有更紧凑的尺寸（如图 2.4 所示），在信号定义上减少了 GND 的信号脚，能提供 34 根 EMU 信号线和独立的 EMU IO 参考电压信号线。TI – 20 和 TI – 14 接口除了都支持 JTAG 协议的 6 根信号线，还分别提供了 5 个和 2 个 EMU 信号脚。

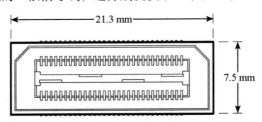

图 2.4　MIPI – 60 脚结构尺寸

以 TI 公司 Keystone Ⅱ 架构的异构多核 SoC 处理器 66AK2G12 为例介绍其片上调试和追踪功能[17]。66AK2G12 集成了 ARM A15 处理器核、ARM M3K 处理器核和 C66x DSP 核，以及大量的片上加速器和外设接口。

总体来说，66AK2G12 的调试功能分为负责全芯片的 SoC 调试功能和集成在各个处理器核中的核内调试功能。SoC 调试功能由调试子系统（Debug Subsystem，DEBUGSS）模块实现。DEBUGSS 模块处理 JTAG TAP 和各处理核的多个二级 TAP，并提供调试访问端口（Debug Access Port，DAP），用于从调试器访问系统内存、交叉触发、系统追踪、外设配置、调试端口（EMUx）管脚管理等。DEBUGSS 模块与集成在处理核心（Cortex – A15、C66x DSP 等）的调试功能协同工作，提供一个全面的硬件平台实现调试功能。

DEBUGSS 实现了以下调试功能：调试接口支持 IEEE 1149.1 标准（边界扫描）和 IEEE 1149.6 标准（边界扫描扩展）；支持 20 个 EMU 管脚，用于导出系统和处理器的追踪数据；支持器件之间的交叉触发，并通过 EMU［1:0］管脚进行调试启动模式控制。

ARM 核（Cortex – A15）的调试功能包括支持入侵和非入侵的调试模式，分别对应停顿模式和监控模式。停顿模式下，调试事件会中止处理器运行，等待调试人员下一步交互操作；监控模式下，调试事件只引发一个软件异常处理，并不需要中止处理器运行。Cortex-A15 中集成了 CoreSight 追踪宏单元（PTM 或 CS-PTM），执行实时指令流追踪。它生成的信息可以被追踪接收器用于重构全部或部分程序路径，同时支持软件插桩、性能监视、交叉触发等调试功能。

DSP 核（C66x）的调试功能包括：支持停顿模式、实时模式和监控模式调试；支持用于数据/程序指针（Program Counter，PC）值观察点、事件监控和可视的高级事件触发（Advanced Event Trigger，AET）以及 PC/时序/数据/事件追踪；设计有 4 KB TI 嵌入式追踪缓冲器（TI Embeddec Trace Buffer，TETB），用于存储 PC/时序/数据/事件追踪；追踪数据可通过增强直接存储器存取（Enhanced Direct Memory Access，EDMA）方式复制到外部存储器中，通过 SoC 高速串行接口或 EMU 管脚输出，同时支持与其他 SoC 子系统的交叉触发源/端的支持。

除了以上主要以硬件为基础的调试功能，66AK2G12 还提供符合 MIPI STP 协议的系统级追踪调试功能，以便在集成多 IP 的 SoC 器件中提供足够的可观测性，快速响应多个处理器核中并发且异步的系统行为事件。系统级调试功能主要通过 CTools 系统追踪模块（CTools System Trace Module，CT-STM）来处理硬件插桩消息（由追踪模块生成）和软件插桩消息（各处理器内核产生）。CT-STM 是 TI 芯片中的系统级调试部件，提供系统级的可观测功能，帮助用户了解内核和外设之间的同步和定时，以及查看内核和关键设备接口的性能。

（3）MIPS 公司

MIPS 公司提供了 PDtrace（PC and Data trace）系统实现对 MIPS 系列处理

器核的片上 trace 调试功能[18-19]。PDtrace 定义了多种长度的消息类型，但每种类型的长度固定。为了在固定宽度的输出端口中有效传输不同长度的消息，PDtrace 将这些不同长度的消息打包为定长的追踪字（Trace Word）后送至端口传输。PDtrace 的采集内容包括程序指针、数据访问地址和访问数值以及流水线操作类型。流水线操作类型分为流水线阻塞、存储指令和分支指令三类。它对每条执行的指令都用一条消息记录，对程序指针和数据访问地址采用差分压缩，但不压缩访问数值。

（4）Infineon 公司

Infineon 公司的微处理器在汽车电子领域应用广泛。其 32 – bit TriCore 全系列处理器都采用了该公司的多核调试方案（Multi-Core Debug Solution，MCDS），支持以下片上 trace 调试功能[20]：支持时间对齐的并发内核、总线、性能事件和外设状态追踪功能，最大支持 1 MByte 容量、40 Gbit/s 带宽的片上追踪缓冲器，调试接口采用 AGbT（Aurora Gigabit Trace）。该方案具有较强的触发能力和片上逻辑分析功能，支持通过专用 DAP 实现持续紧凑功能追踪（Compact Function Trace，CFT）程序路径追踪。

（5）Synopsys 公司

Synopsys 提供过一种面向 ARC 处理器架构的片上追踪 IP 核 DesignWare SmaRT[21]。SmaRT（Small Real-Time Trace Facility）是一个硬件模块，可以集成到内含 ARC 的 SoC 中，以最大 8.5 k 门的硬件资源和通用 JTAG 端口实现软件追踪功能，成本较低。

（6）Xilinx 公司

Xilinx 公司的 FPGA 可编程逻辑器件应用广泛，提供了 ChipScope 等工具用于抓取底层信号。随着在 FPGA 中集成了越来越多的 SoC 处理器，Xilinx 提供了基于 Eclipse 的集成开发环境 SDSoC[22]，用于设计开发 Zynq SoC 和 MPSoC 异构嵌入式系统，可以完成从 C/C++ 到指定目标平台上功能完整的硬件或软件系统的编译、链接、调试和执行等全过程。SDSoC 中新增了事件追踪功能（Agilent Trace Core，ATC），可以帮助设计开发人员深入了解应用程序的执行过程中，整个系统上发生了哪些事件以及发生的顺序，用户可以以此为依据进行系统优化。

2.3　支持 trace 的仿真调试器

嵌入式处理器的软件一般采用交叉编译方式实现。在调试主机（一般是台式机或笔记本电脑）中编译生成代码，通过仿真调试器（简称仿真器）下载到目标机（嵌入式处理器）中运行和调试。仿真器起到连接调试主机和目标处理器的作用。仿真器与调试主机一般通过 USB 接口或以太网接口连接，与目标处理器大多通过 JTAG 接口连接。对于支持 trace 功能的处理器，一般通过高速高带宽的专用 trace 硬件接口连接。

trace 仿真器从 trace 输出端口接收 trace 数据，在仿真器内部缓存数据并向调试主机转发，所以需要在仿真器中设置高性能处理器和高速带宽的存储器以实现 trace 数据的缓存。各品牌 trace 仿真器的结构大体类似，以劳特巴赫（Lauterbach）、Green Hills、ARM、TI 四家应用最广泛的仿真器品牌为例进行介绍。

（1）劳特巴赫公司的 TRACE32 仿真器[23]

劳特巴赫是一家德国的微处理器开发工具制造商，在嵌入式设计领域已有30 多年的历史。劳特巴赫的 TRACE32 仿真器全方位覆盖大多数 8 位至 64 位处理器架构，如 ARM、PowerPC、MIPS、x86、DSP、单片机等。目前支持 250多种处理器架构，3 500 多种处理器芯片型号，支持 Keil、ARMCC、GNU、GreenHill、CODEWARRIOR、Ceva、TASKING、IAR 等多种编译器，Vxworks、Nuclears、linux、wince 等嵌入式操作系统，以及 NOR、NAND、SPI、eMMC 等FLASH 编程。

TRACE32 仿真器在结构上由通用的调试主模块和专用调试接口模块组成。调试主模块包括支持 JTAG 调试的 PowerDebug 模块和支持 trace 功能的PowerTrace 模块两大类。专用调试接口模块是连接调试主模块和处理器的转接电路。

以支持追踪调试的 PowerTrace II 为例，其主要支持 ARM 处理器系列的追踪协议和面向 PowerPC MPC55xx 和 MPC56xx 系列处理器的通用 NEXUS 追踪协议。通过更换不同的专用调试接口模块，支持的追踪调试功能包括：过滤和触发、Cache 行为分析、基于追踪的概要分析、代码覆盖率、功耗分析。支持ARM 系列的 ETM 和 PTM 以及 Nexus 标准。支持 1 GB、2 GB、4 GB 追踪存储容量和 600 MHz 有效采样速率，能记录 24 G CPU cycle 的处理器行为。支持

1.8～3.6 V 目标处理器接口电压。接口支持 ETM Mictor38 连接器和 MIPI Samtec60 连接器。当选用 ETM-HSSTP 专用调试接口模块时，还支持兼容 Xilinx Aurora 协议的高速串行追踪调试接口，能实现每通道 6.25 Gbit/s 的 4 通道信息传输能力。

（2）Green Hills 公司的 SuperTrace 仿真器

Green Hills 公司的高性能仿真器 SuperTrace Probe 支持 ARM 和 MIPS 等集成了片上 trace 功能的处理器系列[24]，其结构如图 2.5 所示。SuperTrace Probe v3 仿真器可捕获 4 GB 容量的 trace 数据，采样时钟速度达到 1.2 GHz（追踪端口速度超过 300 MHz），支持以太网、USB 2.0 和 RS－232 接口。JTAG 端口的时钟速率支持 2 kHz～120 MHz，JTAG 接口电平支持 3.3 V、2.5 V、1.8 V、1.3 V。

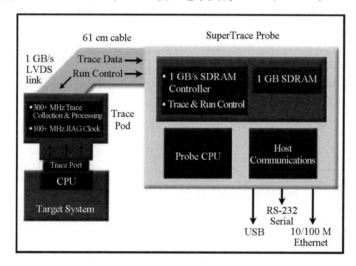

图 2.5　SuperTrace Probe 仿真器结构

（3）ARM 公司的 DSTREAM 仿真器

ARM 公司的处理器种类众多，目前官方的仿真器主要有两大系列：用于低端嵌入式微控制器的 ULINK 系列和用于高端处理器的 DSTREAM 系列。ARM 公司的 DSTREAM 仿真器设计有高性能调试和追踪单元，可在任何基于 ARM 处理器的硬件目标上进行软件调试和优化，并提供与第三方工具一起使用的开放式调试接口。与 Arm Development Studio 软件开发平台配合使用，可为复杂 SoC 提供开发和调试。DSTREAM 系列目前的主流型号包括 DSTREAM、DSTREAM-ST、DSTREAM－PT、DSTREAM-HT，各自特点如表 2.1 所示。

DSTREAM-HT 是目前性能最高的 ARM 仿真器，采用高速串行协议，捕获多个高速串行追踪通道（High-Speed Serial Trace Port，HSSTP）以提供软件分析，配合 ARM DS-5 可对所有的 ARM 内核芯片进行开发。优势功能包括：①实现快速的数据传输，单道速率带宽达 12.5 Gbit/s，通道数为 1~6 路，高速串行追踪带宽达到 60 Gbit。JTAG 信号电压 1.2~3.3 V 由目标板配置，目标板连接头为 40 路 SAMTEC ERF8 或 ARM 20 pin 接口。②实现更快速的调试速度，代码下载速率可达 12 MB/s，JTAG 速率达到 180 MHz，可以大大缩短单核或多核设备的调试周期。③采用远程千兆以太网或 USB 3.0 接口与主机连接，可实现远程调试和快速访问。④实现基于 CoreSight trace 的 ARM 处理器调试与追踪，可配置和捕获 CoreSight 和自定义 IP 设备的详细追踪信息，支持的 CoreSight Trace 模块包括 ETM、ETB、STM、ITM 等。⑤内置 8 GB 大小的缓冲区，最多支持 1 022 个 CoreSight 设备。

表 2.1 DSTREAM 系列仿真器比较

参数	DSTREAM	DSTREAM-ST	DSTREAM-PT	DSTREAM-HT
调试协议	JTAG 和串行线协议			多种协议，HSSTP，Marvell SETM
接口参考电压/V	1.2~3.3			
最大追踪带宽/（Gbit/s）	9.6	2.4	19.2	60
追踪位宽	16	4	32	6
最大 CoreSight 数量	254	1 022	1 022	1 022
最高 JTAG 频率/MHz	60	180	180	180
最高代码下载速率/（MB/s）	2.5	12	12	12
缓冲区大小/GB	4		8	8
主机连接方式	USB 2.0；以太网	USB 3.0；千兆以太网	USB 3.0；千兆以太网	USB 3.0；千兆以太网
开发软件	ADS 或 DS-5	ADS 或 DS-5 5.27 以上	ADS 2019.0 以上	ADS 2019.0-1

（续表）

参数	DSTREAM	DSTREAM-ST	DSTREAM-PT	DSTREAM-HT
支持处理器体系结构	支持 Armv4 to Armv8 系列和 CoreSight trace，同时支持第三方 IP			
目标连接器	20 针和 14 针 ARM JTAG；14 针 TI OMAP；10 针和 20 针高密度 CoreSight 连接器；38 针 MICTOR；34 针 MIPI；60 针 MIPI	20 针 ARM JTAG；14 针 TI OMAP；10 针和 20 针高密度 CoreSight 连接器；38 针 MICTOR	20 针 ARM JTAG；14 针 TI OMAP；10 针和 20 针高密度 CoreSight 连接器；38 针 MICTOR；60 针 MIPI	40 针 HSSTP SAMTEC ERF8；20 针 ARM JTAG；10 针和 20 针高密度 CoreSight 连接器；可转接 14 针 TI OMAP；38 针 MICTOR
产品特点	高性能调试和追踪（作为第一代 DSTREAM 产品，已经停产）	更快的调试，实现更高 JTAG 时钟速率和更快下载速度	高带宽 CoreSight 追踪，通过 32 位并行追踪接口实现 19.2 Gbit/s 的追踪数据传输	支持 HSSTP 协议，用更少的管脚实现高速串行口

（4）TI 公司的 XDS560 系列仿真器[25]

TI 公司原厂的仿真器型号包括 XDS100、XDS200 和 XDS560 系列。目前 XDS560 系列包括两款产品：XDS560v2 System Trace 和 XDS560v2 PRO TRACE。国内公司也研制了一系列第三方兼容仿真器，如北京闻亭泰科的 TDS-XDS560v2，艾睿合众的 SEED-XDS560v2 PLUS，广州创龙电子的 TL-XDS560v2 等。下面以 TI 公司原厂 XDS560v2 仿真器为例展开介绍。

TI XDS560v2 仿真器支持 JTAG（IEEE 1149.1）、cJTAG（IEEE 1149.7）USB 2.0、以太网、MIPI 60 等接口协议。通过 MIPI HSPT 60 管脚或 TI 60 管脚连接器适配器连接到目标板，并通过 USB 2.0（480 Mbit/s）或以太网（10/100 Mbit/s）连接到主机的集成开发环境。其 JTAG 调试支持大多数 TI 微控制器、大多数 DSP 以及所有 ARM 处理器。cJTAG 调试支持 CC26xx、CC2538 和 CC13xx 等器件。DSP 追踪调试适用于 66AK2x、C66x、C645x 和 C647x 等器件。ARM ETM 适用于 AM437x、66AK2x、RM46x、RM57x、TMDS570LS31x/21x 和 TMS570LC43x 等器件。STP 适用于 AM335x、AM437x、

66AK2x、C66x、DM81x 和 AM38x 等器件。

XDS560v2 是 XDS560 调试探针系列中最先提供系统追踪功能的一款产品，可以通过捕获系统事件（例如处理内核的状态、内部总线和外设）来监控整个器件。XDS560v2 支持系统管脚追踪模式。在这种模式中，内核管脚追踪并不干扰系统的实时行为，而且可以捕获更多的指令。系统追踪数据被送到存储器缓冲区，因此 XDS560v2 能够捕获大量系统事件。XDS560v2 的 System Trace 单元与 TI 的集成开发环境（Code Composer Studio，IDE）完全兼容。这一组合提供了完整的硬件开发环境，包含集成调试环境、编译器以及针对 TI 微控制器、处理器和微控制器的完整硬件调试与追踪功能。系统追踪功能符合 MIPI STP 协议。通过启用 TI CTools 的设备可访问该功能，用于多核处理器的调试和优化。这有助于用户在应用中查看内核和片上外设之间的同步和时序。在 XDS560v2 系列中，XDS560v2 PRO TRACE 是提供内核（指令和数据）追踪功能的第二代产品，其追踪存储器缓冲区容量扩展到 1 GB。

2.4　学术研究

随着近二十年来 SoC 芯片越来越复杂，以及多核处理器的普及，学术界对片上追踪的研究也随之有明显增加的趋势。

国内多家研究单位包括中国科学院[26-31]、中南大学[32]、西安电子科技大学[33-34]、合肥工业大学[35-36] 和国防科技大学等，相继展开了对嵌入式开发工具的研究。在调试技术方面，研究者之前多集中于研制基于 JTAG 接口的单核 ICD 结构，近年来也展开了对片上调试技术的研究，提出了面向众核处理器的片上网络（Network on Chip，NoC）调试架构[37-38]、面向硅后调试的片上追踪技术[39]、采用 EJTAG 接口的通用可调试性架构、基于确定性的处理器硅后调试系统等，对片上缓存结构、追踪流的压缩方法、追踪寄存器选择等技术点进行了更深入的研究[40-41]。台湾中山大学也对 SoC 的调试结构展开了较为深入的研究[42-44]，在片上追踪技术方面主要研究了对程序执行地址[45-47] 和总线传输数据[48-49] 的硬件压缩方法。

英国肯特大学与 Infineon 公司合作进行了多核 SoC 调试的项目研究[50-51]。在该项目中，Hopkins 等研究者提出一种通用性较强的多核 SoC 调试结构，定义了可重用的片上调试模块接口。该结构的片上追踪系统可记录程序执行地址和访问数据，采用包含 6 bit 消息头的 38 bit 定长消息格式，但仅使用了位映射的方式记录条件分支，使得对循环代码的输出消息压缩率不高。他们设计了可无阻塞写入，并易于级联使用的片上追踪消息合成缓冲器，但没有研究如何确定其结构参数。为方便叙述，本书将该片上追踪方案记为 Hopkins06。

有研究者充分利用了地址访问中的时间局部性和空间局部性，通过硬件实现 LZ① 字典压缩，获得了较高的压缩率[45,47]。他们利用 Cache 索引比主存索引位数少的特点来减少传输的地址位数，但压缩效果有限[46]；提出在信号级、事务级和传输级三个不同抽象层次上记录总线行为，以满足不同的调试需求[48-49]。总体来说，他们的方法都将访问地址当作普通的连续数据流进行字典压缩，而没有考虑不连续控制流的具体实现方式（分支和中断机制）。这种方法的可移植性较好，但未能利用体系结构和程序代码中的相关信息实现低开销的压缩。另一方面，LZ 字典压缩方法的硬件开销较大，在 0.18 μm 工艺下其面积为 511 616 μm²[47]，而 Hopkins06 方案中采用差分压缩方法的整个路径单元（P2G Trace Unit）的面积仅为 22 856 μm²[50]。同时，该硬件压缩电路的关键路径延迟达到 5.4 ns，限制了其在高速处理器中的应用。为方便叙述，本书将该片上追踪结构记为 Kao07。

有学者分析比较了当时部分处理器的片上追踪方案以及 Nexus 1999 方案，指出对处理器实时性能分析的支持不足是它们的普遍缺点[52]。在一个基于 NoC 的多核调试方案中，Tang 等提及对处理器核采用了标准化的片上追踪结构，但未介绍具体实现过程及结果[53]。

近几年来，国际上对片上追踪的理论、结构和应用研究都有较多进展[54]。在理论和结构方面，研究包括：①如何选取追踪信号[55-59]，热门的机器学习技术也能应用于选取追踪信号[59-60]；②可以利用 Cache 电路实现压缩路径信息[61]；③对通信接口实现事件追踪方法[62]；④利用 NoC 网络传输片上追踪数据[63]。片上追踪的缓冲器是整个结构中最耗面积资源的部分，这方面的研究也有很多，包括：①如何利用缓冲空间提高追踪调试效率[64]；②通过利用空闲的追踪缓冲存储正确执行信息，实现更快速的错误定位[65]；③利用空闲的追踪缓冲存储触发信息，实现更精准的故障触发定位[66]；④利用芯片生产测试用的扫描和 JTAG 逻辑实现片内追踪缓冲的共享和高效利用[67]。对片上追踪的评价标准也有研究[68]，如采用状态恢复比例评价追踪信息的恢复效率等[69]。

在片上追踪的应用方面，可用于定位和调试包括电气故障在内的各种处理

---

① Lempel-Ziv，一种字典编码的无损压缩算法。

器硬件设计故障（硅后调试）和程序软件故障[70]。当前大部分片上追踪信息的分析是在离线主机上进行的，但也可以实现在线分析。对软件的分析功能包括：定位软件功能缺陷、定位软件实时性缺陷、测试代码覆盖率、嵌入式软件最坏执行时间（Worst-Case Execution Time，WCET）估计、连续实时性监测和复杂的触发功能等[71]。片上应用软件和硬件追踪技术需同步使用，以定位高层设计缺陷[72]。软件工程领域，大量高层次追踪信息被用于程序理解[73]。片上追踪可以用于各种片上复杂协议调试[74]，以及面向嵌入式分布式处理的调试[75]。在单片机中也有用较低成本实现硬件片上追踪功能的例子[76]。

　　利用片上追踪的硬件资源，还能实现其他用途，如将片上追踪缓冲存储器用作芯片的 Victim Cache[77]，利用片上追踪记录的信息对片上网络性能进行优化[78-79]，利用片上追踪实现在线错误检测功能[80]以及控制流完整性防御[81]，使用硬件追踪实现恶意软件分析[82]，或是恶意软件攻击追踪硬件破解 AES 加密等[83]。除了调试处理器，在线追踪的信号选择技术也用来调试现场可编程门阵列（Field Programmable Gate Array，FPGA）硬件逻辑设计[84-85]。

　　当前国内外对片上追踪技术的研究主要侧重在片上追踪信息的采集压缩方法和消息协议设计方面，而对片上追踪的原理和内在优势是什么、如何设计高效合理的多核片上 trace 数据流的片上传输结构、如何利用片上追踪信息辅助单核和多核程序调试等关键问题的研究还不够深入。另一方面，随着对片上追踪的原理和内在优势的深入理解，在已有的采集压缩方法、消息协议设计和片上 trace 数据流合成调度方法等研究中仍存在需要改进提升的技术。

　　在线调试技术可以探测和清除已知的软硬件设计缺陷，但在运行阶段发生的硬件故障则需要在线错误检测机制来处理。在线错误检测是指在处理器运行程序的同时完成错误检测功能。由硬件故障引发的程序错误可分为控制流错误（Control Flow Errors，CFE）和数据流错误。有研究表明，80% 的系统级故障最终会导致控制流错误[86]。各种故障注入的实验结果也表明，控制流错误占错误总数的 33% ~77%[87]。另一方面，数据流错误检测和故障恢复的额外性能开销高达 61% ~260%[88]，而控制流错误检测的性能代价则相对较小。因此对于对性能代价较为敏感的嵌入式系统，研究在线控制流错误检测（Control Flow Checking，CFC）技术有重要意义。

　　控制流错误是程序指令的实际执行流发生同正常执行流的偏离[89]。根据检测错误的不同实现方式，控制流错误检测方法可分为软件实现（Software CFC，SW-CFC）、硬件实现（Hardware CFC，HW-CFC）和软硬件协同实现（Software and Hardware CFC，SH-CFC）三类。通过插入监督代码实现的 SW-

CFC 方法没有硬件开销[90-98]，可移植性好，但插入较多的代码增加了存储开销和性能开销，而故障覆盖率不高。此外，插入的监督代码本身可能会发生控制流故障，也难以处理程序崩溃或处理器死锁等无法继续运行程序的故障。无须改动代码的 HW-CFC 方法一般采用协处理器实现[99-101]，但在协处理器中存储整个程序的控制流信息需要相当大的硬件资源，并且复杂的协处理器本身也需要容错加固。SH-CFC 方法通过在程序代码中嵌入冗余的预期控制流信息（特征值），利用专门监督硬件将实际控制流与预期控制流进行比对来实现错误检测。它以较小的性能损失和少量的代码增加实现很高的故障覆盖率[102-110]，并且硬件复杂度低，因而得到广泛研究。

在 SH-CFC 方法中，时间地址检查（Time-Time-Address checking，TTA）[107]和时间特征值监督（Time Signature Monitoring，TSM）[105]提取代码执行的时间信息作为特征值，但现代处理器普遍采用的超标量流水线和 Cache 结构使得精确计算代码执行时间非常困难。一些 SH-CFC 方法对控制流转移的检测不够全面，如特征指令流（Signature Instruction Stream，SIS）[109]、连续特征值监督（Continuous Signature Monitoring，CSM）[110]以及 Saxena 的校验和方法[108]没有考虑检测间接分支产生的控制流转移；内含特征值监督（Implicit Signature Checking，ISC）[106]以及 Li 和 Gaudiot 的方法[104]直接提取分支指令的执行结果作为预期控制流，缩小了错误检测范围。

VLIW 结构处理器中的空闲运算资源可用来实现 CFC。Schuette 和 Shen 提出一种在 VLIW 空闲指令槽中插入指令的 SW-CFC 方法[98]，但大量的代码插入和有限的空闲资源限制了检查点的数目，因而故障覆盖率较低。Chen 和 Chen 在一款 6 发射的 VLIW 结构处理器中实现了一种 SH-CFC[103]，但生成特征值的串行操作降低了方法的可扩展性，使其难以应用于更高速和更长指令字的处理器，并且该方法对间接分支的控制流检测也不全面。

监测总线是一种可移植性较好的控制流错误检测方法。Bernardi 等在程序基本块入口和出口处分别向总线发出写操作，通过比对基本块的起止地址来检查基本块执行的完整性[102]，但这种方式需要与数据流检测协同使用才可检测出大部分控制流故障，并且普遍使用的 Cache 结构使得在总线上无法监测所有的程序访问和数据访问，也可通过复制少量软硬件资源来实施 CFC。Ragel 在代码中插入控制流指令的副本并在硬件中复制 PC 寄存器[89]，但该方法不能检查非控制流指令码被错误变成控制流指令码的故障情况，同时对处理器流水线的复制和修改增加了设计复杂性，也降低了可移植性。与复制三倍资源实现三模冗余容错相比，复制双倍资源的优势有限，仅实现检错。

　　另外，还有利用 COTS 中的性能监视器（Performance Monitor）实现 CFC 的方法。发射指令数（Committed Instructions Counting, CIC）[107] 通过插入代码读取性能监视器，以指令发射的统计数作为特征值信息，但该方法的代码长度开销和程序执行时间代价都过大。

　　综上所述，SH-CFC 方法带来的处理器性能损失和代码增加都较少，可以实现更高的故障覆盖率，因此适合于资源有限并有一定实时性要求的嵌入式处理器。另外，嵌入式处理器的体系结构各异，产品生命周期较长，也易于接受定制设计的 SH-CFC 方法。

参 考 文 献

［1］　IEEE Std 1149.1 – 2001. IEEE standard test access port and boundary-scan architecture［S/OL］.［2020 – 02 – 08］. http://grouper. ieee. org/groups/.

［2］　徐志磊. 紧凑型 JTAG 接口的设计与验证［D］. 上海：上海交通大学, 2010.

［3］　Nexus 5001 forum™ standard［S/OL］.［2020 – 01 – 06］. https://nexus5001. org/nexus-5001-forum-standard/.

［4］　Nexus 5001 forum print resources［S/OL］.［2020 – 02 – 09］. https://nexus5001. org/nexus-5001-forum-print-resources.

［5］　Demonstrating software debug and calibration tools utilizing the Nexus 5001 standard［EB/OL］.［2020 – 04 – 25］. https://nexus5001. org/wp-content/uploads/2015/05/Nexus_5001_Webinar_2013_Final_Presentation. pdf.

［6］　NXP［EB/OL］.［2020 – 04 – 25］. https://www. nxp. com.

［7］　MPC5500 family［EB/OL］.［2020 – 04 – 25］. https://www. nxp. com/docs/en/fact-sheet/MPC5500FACT. pdf.

［8］　Mipialliance.［EB/OL］.［2020 – 04 – 25］. https://www. mipi. org.

［9］　MIPI alliance specifications［EB/OL］.［2020 – 04 – 25］. https://www. mipi. org/specifications.

［10］　CoreSight technical introduction white paper［EB/OL］.［2020 – 04 – 25］. https://developer. arm. com/documentation/epm039795/latest.

［11］　ARM® CoreSight™ architecture specification［EB/OL］.［2020 – 04 – 25］. https://developer. arm. com/documentation/ihi0029/e.

［12］　ARM® CoreSight™ system-on-chip SoC-600 technical reference manual revision r3p2［EB/OL］.［2020 – 04 – 25］. https://developer. arm. com/ documentation/100806/0302/? lang = en.

［13］　Embedded trace macrocell architecture specification［EB/OL］.［2020 – 04 – 25］. https://documentation-service. arm. com/static/5f90158b4966cd7c95f d5b5e? token = .

［14］　CoreSight program flow trace architecture specification［EB/OL］.［2020 – 04 – 25］. https://developer. arm. com/documentation/ihi0035/b.

［15］　System trace macrocell［EB/OL］.［2020 – 04 – 25］. https://developer. arm. com/documentation/101418/0100/Debug/System-Trace-Macrocell? lang = en.

［16］　Debug and trace for keystone II devices user's guide［EB/OL］.［2020 – 03 – 11］. https://www. ti. com/lit/ug/spruhm4/spruhm4. pdf.

［17］　66AK2Gx multicore DSP + ARM® keystone II system-on-chip（SoC）［EB/ OL］.［2020 – 03 – 18］. https://www. ti. com/lit/pdf/spruhy8.

［18］　EJTAG trace control block specification［EB/OL］.［2020 – 04 – 25］. https://www. ymcn. org/4265663. html.

［19］　PDtrace™ interfacespecification［EB/OL］.［2020 – 04 – 25］. https:// www. doc88. com/p – 2502492757701. html? r = 1.

［20］　Infineon［EB/OL］.［2020 – 04 – 25］. https://www. infineon. com/.

［21］　DesignWare small real-time trace facility（SmaRT）［EB/OL］.［2020 – 04 – 25］. https://www. synopsys. com/dw/ipdir. php? ds = arc_smart_trace.

［22］　SDSoC environment debugging guide［EB/OL］.［2020 – 04 – 25］. https:// china. xilinx. com/support/documentation/sw_manuals/xilinx2019_1/ug1282- sdsoc-debugging-guide. pdf.

［23］　Lauterbach［EB/OL］.［2020 – 04 – 25］. https://www. lauterbach. com/.

［24］　SuperTrace probe［EB/OL］.［2020 – 04 – 25］. https://www. ghs. com/ products/supertraceprobe. html.

［25］　Texas Instruments［EB/OL］.［2020 – 04 – 25］. http://www. ti. com. cn/.

［26］　高建良. 数字集成电路硅后调试技术研究［D］. 北京：中国科学院研究 生院，2010.

［27］　高建良，韩银和. 多核处理器硅后调试技术研究最新进展［J］. 计算机 应用研究，2013，30（2）：321 – 324.

［28］　杨旭，刘江，钱诚，等. 一种面向多核处理器的通用可调试性架构［J］.

计算机辅助设计与图形学学报, 2011, 23(10): 1656 – 1664.

[29] 苏孟豪, 高翔, 陈云霁. 基于确定性的处理器硅后调试系统[J]. 高技术通讯, 2011, 21(2): 196 – 202.

[30] 程云. 基于追踪的可调试性设计研究[D]. 北京: 中国科学院大学, 2017.

[31] 程云, 李华伟, 王颖, 等. 基于寄存器簇恢复的追踪信号选择方法[J]. 计算机学报, 2018, 41(10): 2318 – 2329.

[32] 李欣. 基于多缓存结构的多核并发追踪调试研究[D]. 长沙: 中南大学, 2014.

[33] 王智利. 基于网络架构的片上调试系统的研究[D]. 西安: 西安电子科技大学, 2017.

[34] 杨永亮. 片上处理器运行监控电路的设计与验证[D]. 西安: 西安电子科技大学, 2018.

[35] 沈休垒. 复杂多核系统的调试系统设计与研究[D]. 合肥: 合肥工业大学, 2017.

[36] 焦瑞. 异构多核系统的在线调试技术的研究[D]. 合肥: 合肥工业大学, 2016.

[37] 郭桂雨. 基于片上网络多核处理器设计与协同验证[D]. 北京: 北京交通大学, 2016.

[38] 朱博元. RISC众核处理器的功能验证与片上调试[D]. 陕西: 西安理工大学, 2013.

[39] 高建良, 李欣, 王建新. 并发追踪数据流的多缓存选址算法[J]. 电子学报, 2014, 42(11): 2310 – 2313.

[40] 钱诚, 沈海华, 陈天石, 等. 超大规模集成电路可调试性设计综述[J]. 计算机研究与发展, 2012, 49(1): 21 – 34.

[41] 朱雷. 片上追踪信息处理单元的研究与验证[D]. 西安: 西安电子科技大学, 2018.

[42] Huang J, Kao C F, Chen H M, et al. A retargetable embedded in-circuit emulation module for microprocessors [J]. IEEE Design & Test of computers, 2002, 19(4): 28 – 38.

[43] Kao C F, Huang S M, Chen C C, et al. SoC infrastructure IP's [C]. Proceedings of Emerging Information Technology Conference. IEEE, 2005: 133 – 136.

[44] Chen L B, Kao C F, Lin Y T, et al. A reconfigurable diagnostic infrastructure for NoCs[C]//Proceedings of Workshop on Diagnostic Services in Network-on-Chips, 2007, 4: 2 −5.

[45] Huang S M, Huang J, Kao C F. Reconfigurable real-time address trace compressor for embedded microprocessors [C]//Proceedings of IEEE International Conference on Field-Programmable Technology. IEEE, 2003: 196 −203.

[46] Kao C F, Huang J. A Cache-based approach for program address trace compression[J]. Target, 30(003C): 0038.

[47] Kao C F, Huang S M, Huang J. A hardware approach to real-time program trace compression for embedded processors [J]. IEEE Transactions on Circuits and Systems I: Regular Papers, 2007, 54(3): 530 −543.

[48] Kao C F, Lin C H, Huang I J. Configurable AMBA on-chip real-time signal tracer[C]//Proceedings of Design Automation Conference. IEEE, 2007.

[49] Kao C F, Huang I J, Lin C H. An embedded multi-resolution AMBA trace analyzer for microprocessor-based SoC integration[J]. Proceedings of Design Automation Conference, 2007: 477 −482.

[50] Hopkins A B T, McDonald-Maier K D. Debug support strategy for systems-on-chips with multiple processor cores [J]. IEEE Transactions on Computers, 2006, 55(2): 174 −184.

[51] Hopkins A B T, McDonald-Maier K D. Debug support for complex systems on-chip: a review[J]. IEE Proceedings-Computers and Digital Techniques, 2006, 153(4): 197 −207.

[52] MacNamee C, Heffernan D. Emerging on-ship debugging techniques for real-time embedded systems [J]. Computing & Control Engineering Journal, 2000, 11(6): 295 −303.

[53] Tang S, Xu Q. A multi-core debug platform for NoC-based systems[C]// Proceedings of Design, Automation & Test in Europe Conference & Exhibition. IEEE, 2007: 1 −6.

[54] Spear A, Levy M, Desnoyers M. Using tracing to solve the multicore problem [J]. Computer, 2012, 45(12): 60 −64.

[55] Kumar B, Jindal A, Singh V, et al. A methodology for trace signal selection to improve error detection in post-silicon validation[C]//Proceedings of 30th

International Conference on VLSI Design and 16th International Conference on Embedded Systems. IEEE, 2017: 147 – 152.

[56] Liu X, Vemuri R. Effective signal restoration in post-silicon validation[C]// Proceedings of IEEE International Conference on Computer Design. IEEE, 2017: 169 – 176.

[57] Liu X, Xu Q. On signal selection for visibility enhancement in trace-based post-silicon validation[J]. IEEE Transactions on Computer-Aided Design of Integrated Circuits and Systems, 2012, 31(8): 1263 – 1274.

[58] Kumar B, Basu K, Fujita M, et al. Post-silicon gate-level error localization with effective and combined trace signal selection[J]. IEEE Transactions on Computer-Aided Design of Integrated Circuits and Systems, 2018, 39(1): 248 – 261.

[59] Rahmani K, Mishra P. Feature-based signal selection for post-silicon debug using machine learning[J]. IEEE Transactions on Emerging Topics in Computing, 2020, 8(4): 907 – 915.

[60] Jindal A, Kumar B, Jindal N, et al. Silicon debug with maximally expanded internal observability using nearest neighbor algorithm[C]//Proceedings of Computer Society Annual Symposium on VLSI. IEEE, 2018: 46 – 51.

[61] Milenkovic A, Uzelac V, Milenkovic M, et al. Caches and predictors for real-time, unobtrusive, and cost-effective program tracing in embedded systems[J]. IEEE Transactions on Computers, 2011, 60(7): 992 – 1005.

[62] Cao Y, Palombo H, Ray S, et al. Enhancing observability for post-silicon debug with on-chip communication monitors[C]//Proceedings of Computer Society Annual Symposium on VLSI. IEEE, 2018: 602 – 607.

[63] Gao J, Wang J, Han Y, et al. A clustering-based scheme for concurrent trace in debugging NoC-based multicore systems[C]//Proceedings of Design, Automation & Test in Europe Conference & Exhibition. IEEE, 2012: 27 – 32.

[64] Chandran S, Panda P R, Sarangi S R, et al. Managing trace summaries to minimize stalls during postsilicon validation[J]. IEEE Transactions on Very Large Scale Integration Systems, 2017:1 – 14.

[65] Oh H, Han T, Choi I, et al. An on-chip error detection method to reduce the post-silicon debug time[J]. IEEE Transactions on Computers, 2016, 66

（1）：38 - 44.

[66] Cheng Y, Li H, Wang Y, et al. On trace buffer reuse-based trigger generation in post-silicon debug[J]. IEEE Transactions on Computer-Aided Design of Integrated Circuits and Systems, 2017, 37(10)：2166 - 2179.

[67] Choi I, Oh H, Lee Y W, et al. Test resource reused debug scheme to reduce the post-silicon debug cost[J]. IEEE Transactions on Computers, 2018, 67 (12)：1835 - 1839.

[68] Pal D, Ma S, Vasudevan S. Emphasizing functional relevance over state restoration in post-silicon signal tracing[J]. IEEE Transactions on Computer-Aided Design of Integrated Circuits and Systems, 2018, 39(2)：533 - 546.

[69] Ma S, Pal D, Jiang R, et al. Can't see the forest for the trees：state restoration's limitations in post-silicon trace signal selection [C]// Proceedings of IEEE/ACM International Conference on Computer-Aided Design. IEEE, 2015：1 - 8.

[70] Iwata K, Gharehbaghi A M, Tahoori M B, et al. Post silicon debugging of electrical bugs using trace buffers[C]//Proceedings of the 26th Asian Test Symposium. IEEE, 2017：189 - 194.

[71] Decker N, Dreyer B, Gottschling P, et al. Online analysis of debug trace data for embedded systems[C]//Proceedings of Design, Automation & Test in Europe Conference & Exhibition. IEEE, 2018：851 - 856.

[72] Pal D, Sharma A, Ray S, et al. Application level hardware tracing for scaling post-silicon debug [C]//Proceedings of the 55th Annual Design Automation Conference, 2018：1 - 6.

[73] Khoury R, Hamou-Lhadj A, Rahim M I, et al. TRIADE a three-factor trace segmentation method to support program comprehension[C]//Proceedings of International Symposium on Software Reliability Engineering Workshops. IEEE, 2019：406 - 413.

[74] Cao Y, Zheng H, Palombo H, et al. A post-silicon trace analysis approach for system-on-chip protocol debug [C]//Proceedings of International Conference on Computer Design. IEEE, 2017：177 - 184.

[75] Rössler P, Höller R. A novel debug solution for distributed embedded applications and implementation options [C]//Proceedings of Industrial Electronics Conference, 2011：2796 - 2801.

［76］ Mayer A, Deml R. Compact function trace (CFT)[C]//Proceedings of the 2012 System, Software, SoC and Silicon Debug Conference. IEEE, 2012: 1 - 2.

［77］ Jindal N, Panda P R, Sarangi S R. Reusing trace buffers as victim caches [J]. IEEE Transactions on Very Large Scale Integration Systems, 2018, 26 (9): 1699 - 1712.

［78］ Jindal N, Gupta S, Ravipati D P, et al. Enhancing network-on-chip performance by reusing trace buffers[J]. IEEE Transactions on Computer-Aided Design of Integrated Circuits and Systems, 2019, 39(4): 922 - 935.

［79］ Rout S S, Badri M, Deb S. Reutilization of trace buffers for performance enhancement of NoC based MPSoCs[C]//Proceedings of the 25th Asia and South Pacific Design Automation Conference. IEEE, 2020: 97 - 102.

［80］ Peña-Fernandez M, Lindoso A, Entrena L, et al. Online error detection through trace infrastructure in ARM microprocessors[J]. IEEE Transactions on Nuclear Science, 2019, 66(7): 1457 - 1464.

［81］ Liu Y, Shi P, Wang X, et al. Transparent and efficient cfi enforcement with intel processor trace[C]//Proceedings of International Symposium on High Performance Computer Architecture. IEEE, 2017: 529 - 540.

［82］ Ning Z, Zhang F. Hardware-assisted transparent tracing and debugging on ARM[J]. IEEE Transactions on Information Forensics and Security, 2018, 14(6): 1595 - 1609.

［83］ Rajendran A, Rajappa M. Attack on trace buffer: a study on observability versus security in post-silicon debug [C]//Proceedings of International Conference on Communication and Signal Processing. IEEE, 2019: 332 - 334.

［84］ Goeders J, Wilton S J E. Using dynamic signal-tracing to debug compiler-optimized HLS circuits on FPGAs [C]//Proceedings of the 23rd Annual International Symposium on Field-Programmable Custom Computing Machines. IEEE, 2015: 127 - 134.

［85］ Blochwitz C, Klink R, Joseph J M, et al. Continuous live-tracing as debugging approach on FPGAs[C]//Proceedings of International Conference on ReConFigurable Computing and FPGAs. IEEE, 2017: 1 - 8.

［86］ Bagchi S, Srinivasan B, Whisnant K, et al. Hierarchical error detection in a software implemented fault tolerance (sift) environment [J]. IEEE

Transactions on Knowledge and Data Engineering, 2000, 12(2): 203 –224.

[87] Ohlsson J, Rimen M, Gunneflo U. A study of the effects of transient fault injection into a 32-bit RISC with built-in watchdog [C]//Proceedings of FTCS-The Twenty-Second International Symposium on Fault-Tolerant Computing. IEEE, 1992: 316 –325.

[88] 高珑. 面向硬件故障的软件容错:模型, 算法和实验[D]. 长沙: 国防科学技术大学, 2006.

[89] Parameswaran S, Ragel R G. Hardware assisted pre-emptive control flow checking for embedded processors to improve reliability[C]//Proceedings of the 4th International Conference on Hardware/Software Codesign and System Synthesis. IEEE, 2006: 100 –105.

[90] Alkhalifa Z, Nair V S S, Krishnamurthy N, et al. Design and evaluation of system-level checks for on-line control flow error detection [J]. IEEE Transactions on Parallel and Distributed Systems, 1999, 10(6): 627 –641.

[91] Borin E, Wang C, Wu Y, et al. Software-based transparent and comprehensive control-flow error detection[C]//Proceedings of International Symposium on Code Generation and Optimization. IEEE, 2006: 333 –345.

[92] Fazeli M, Farivar R, Miremadi S G. A software-based concurrent error detection technique for PowerPC processor-based embedded systems [C]// Proceedings of International Symposium on Defect & Fault Tolerance in Vlsi Systems. IEEE, 2005: 266 –274.

[93] Goloubeva O, Rebaudengo M, Reorda M S, et al. Soft-error detection using control flow assertions [C]//Proceedings of the 18th IEEE Symposium on Defect and Fault Tolerance in VLSI Systems. IEEE, 2003: 581 –588.

[94] Sedaghat Y, Miremadi S G, Fazeli M. A software-based error detection technique using encoded signatures [C]//Proceedings of the 21st IEEE International Symposium on Defect and Fault Tolerance in VLSI Systems. IEEE, 2006: 389 –400.

[95] Oh N, Shirvani P P, McCluskey E J. Control-flow checking by software signatures[J]. IEEE transactions on Reliability, 2002, 51(1): 111 –122.

[96] Venkatasubramanian R, Hayes J P, Murray B T. Low-cost on-line fault detection using control flow assertions[C]//Proceedings of the 9th IEEE On-Line Testing Symposium. IEEE, 2003: 137 –143.

[97] 李爱国, 洪炳熔, 王司. 一种软件实现的程序控制流错误检测方法[J]. 宇航学报, 2006, 27(6): 1424 – 1430.

[98] Schuette M A, Shen J P. Exploiting instruction-level parallelism for integrated control-flow monitoring[J]. IEEE Transactions on Computers, 1994, 43(2): 129 – 140.

[99] Madeira H, Silva J G. On-line signature learning and checking: experimental evaluation[C]//Proceedings of Advanced Computer Technology, Reliable Systems and Applications. IEEE, 1991: 642 – 646.

[100] Michel T, Leveugle R, Saucier G. A new approach to control flow checking without program modification[C]//Proceedings of Fault-Tolerant Computing: The Twenty-First International Symposium. IEEE, 1991: 334 – 341.

[101] Rajabzadeh A, Miremadi S G. A hardware approach to concurrent error detection capability enhancement in COTS processors[C]//Proceedings of the 11th Pacific Rim International Symposium on Dependable Computing. IEEE, 2005: 83 – 90.

[102] Bernardi P, Bolzani L M V, Rebaudengo M, et al. A new hybrid fault detection technique for systems-on-a-chip[J]. IEEE Transactions on Computers, 2006, 55(2): 185 – 198.

[103] Chen Y Y, Chen K F. Incorporating signature-monitoring technique in VLIW processors[C]//Proceedings of the 19th IEEE International Symposium on Defect and Fault Tolerance in VLSI Systems. IEEE, 2004: 395 – 402.

[104] Li X B, Gaudiot J L. A compiler-assisted on-chip assigned-signature control flow checking[C]//Proceedings of Advances in Computer Systems Architecture, 2004.

[105] Madeira H, Rela M, Furtado P, et al. Time behaviour monitoring as an error detection mechanism[C]//Proceedings of 3rd IFIP Working Conference on Dependable Computing for Critical Applications, 1992: 121 – 132.

[106] Ohlsson J, Rimén M. Implicit signature checking[C]//Proceedings of the Twenty-Fifth International Symposium on Fault-Tolerant Computing. IEEE, 1995: 218 – 227.

[107] Rajabzadeh A, Mohandespour M, Miremadi S G. Error detection

enhancement in COTS superscalar processors with event monitoring features [C]//Proceedings of the 10th IEEE Pacific Rim International Symposium on Dependable Computing. IEEE, 2004: 49 – 54.

[108] Saxena N R, Mccluskey E J. Control-flow checking using watchdog assists and extended-precision checksums[J]. IEEE Transactions on Computers, 1990, 39(4): 554 – 559.

[109] Schuette M A, Shen J P. Processor control flow monitoring using signatured instruction streams[J]. IEEE Transactions on Computers, 1987, 36(3): 264 – 276.

[110] Chen Y Y. Concurrent detection of control flow errors by hybrid signature monitoring[J]. IEEE Transactions on Computers, 2005, 54(10): 1298 – 1313.

第 3 章　调试模型与片上 trace

尽管支持片上 trace 调试的商业处理器不断出现，但很少有对片上 trace 调试的工作机理和内在优势进行深入分析的研究。有文献指出，为解决日趋复杂的调试问题，需要调试工具为处理器的内部运行状态提供可观测性（Observability）支持和可控制性（Controllability）支持[1-3]。可观测性和可控制性的概念起源于自动控制理论。数字电路的可观测性和可控制性被定义为观测和设置特定逻辑信号的难度，是集成电路测试领域的基础概念[4-5]。但调试中的可观测性和可控制性的具体含义和必要性尚无系统的解释。

本章首先基于存储元件的状态集合建立了嵌入式处理器的调试模型，阐述了调试所需的可观测性和可控制性的基本含义和必要性；然后对当前重点关注的实时可观测性问题，从软件非入侵、时序非入侵和电气非入侵三个方面给予了分析和解释；最后从分析嵌入式软件的调试阶段入手，讨论了片上 trace 调试的内在优势以及与断点调试相辅相成的关系，分析了片上 trace 对信息采集内容的需求，并以路径 trace 为例讨论了片上 trace 的压缩传输模型和层次实现模型。

3.1　基于存储元件状态集合的调试模型

3.1.1　处理器系统模型

当前大部分嵌入式处理器采用同步电路实现，为简化分析，本书对调试模型的讨论限于单一时钟下工作的同步处理器，并假设没有输入信号经组合逻辑直接引向输出管脚①。因此可以采用同步时序逻辑的 Moore 电路模型来描述同步处理器系统。

同步时序逻辑电路的一般结构模型如图 3.1 所示[6]，其中，u_1，$\cdots$，u_n为外部输入变量；y_1，$\cdots$，y_m为外部输出变量；q_1^+，$\cdots$，q_r^+为内部存储元件的输入变量；q_1，$\cdots$，q_r为内部存储元件的输出变量；存储元件中的逻辑值定义为电路的状态。Moore 电路模型的输出函数和次态函数表达式分别为：

$$y_i = f_i(q_1, \cdots, q_r) \quad i = 1, \cdots, m \tag{3.1}$$

$$q_j^+ = g_j(u_1, \cdots, u_n, q_1, \cdots, q_r) \quad j = 1, \cdots, r \tag{3.2}$$

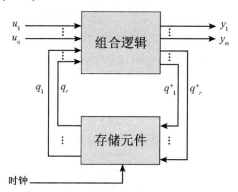

图 3.1　同步时序逻辑电路的一般结构模型

处理器系统中的存储元件②包括 RAM 存储器、寄存器和锁存器，其存储的逻辑值在时钟的控制下同步变化。因此在 Moore 电路模型基础上，容易得到同步处理器系统的模型，如图 3.2 所示。

---

① 这种假设对大部分处理器来说是成立的，并且便于采用 Moore 模型进行讨论。实际上，采用 Mealy 模型也并不会影响讨论结果。

② 仅由处理器访问的片外存储芯片应当视为该处理器的一部分。因为若非成本和工艺的限制，此类存储芯片可以完全集成在处理器芯片内部而无须对外管脚。

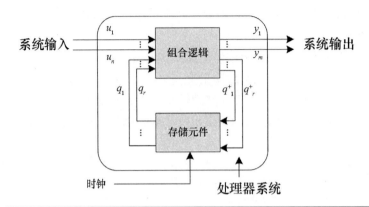

系统的状态：存储元件中的逻辑件
系统的初始状态：程序代码和初始数据，复位后寄存器等元件的初始值
系统输入：外部环境在输入管脚加载的逻辑值
系统输出：输出管脚的逻辑值

图 3.2　同步处理器的系统模型

　　忽略硬件故障等因素，考虑处于理想工作环境中的该系统模型。程序的反复执行具有时不变的确定性，即有完全相同的系统输入时，系统模型给出完全相同的系统输出。程序执行过程视为该模型在给定输入下的状态变换，输入引起系统状态的变化，系统状态决定输出的变化。与主要研究状态转换关系的同步时序逻辑模型不同，面向调试的该系统模型侧重于分析状态变化的时间过程。出于解释调试现象的目的，对处理器的系统模型给出如下定义。

　　t：系统时间，以处理器时钟周期为单位。

　　t_0：系统的时间起始点，即处理器复位后开始执行程序的时间点。

　　t_{end}：观察处理器的时间终止点，因此有 $t \in [t_0, t_{end}]$。

　　r：处理器系统的存储元件总数。

　　n：处理器系统的有效输入信号总数[①]。

　　m：处理器系统的有效输出信号总数。

　　定义 3.1　位变量 q_i：将处理器中的第 i 个存储元件抽象为系统的位变量 q_i。$q(i,t)$ 指代 t 时刻的 q_i。将 $q(i,t)$ 中存储的逻辑值称为位变量的状态，简

---

　　①　处理器系统的双向管脚分时作为输入管脚和输出管脚使用，因此同时计入有效的输入信号和输出信号。

称位状态 q_{it}。q_{it_0} 是 q_i 的初始状态，即 $q(i,t_0)$ 中存储的逻辑值。

定义 3.2　系统变量 Q：处理器的系统变量是系统中所有 q_i 的集合，即 $Q = \{q_1, q_2, \cdots, q_r\}$。$Q(t)$ 指代 t 时刻的系统变量。$Q(t)$ 中存储的逻辑值称为系统变量的状态，简称系统状态 Q_t。系统初始状态 Q_{t_0} 是 Q 的初始值，包括处理器系统中的程序代码和初始数据以及复位后寄存器等元件的初始值。

定义 3.3　时空变量集 TQ：处理器的时空变量集是 $Q(t)$ 的时间域集合，即 $TQ = \{Q(t_0), Q(t_1), \cdots, Q(t_{end})\}$。当用位变量直接表示时，$TQ$ 中共有 $r \times (t_{end} - t_0 + 1)$ 个元素，即 $TQ = \{q(1,t_0), q(2,t_0), \cdots, q(r,t_0), q(1,t_1), q(2,t_1), \cdots, q(r-1,t_{end}), q(r,t_{end})\}$。$TQ$ 中存储的逻辑值称为时空状态集 STQ。

定义 3.4　输入集 U_t：t 时刻外部环境在输入管脚 i 上加载的逻辑值为 u_{it}，则 $U_t = \{u_{1t}, u_{2t}, \cdots, u_{nt}\}$。时空输入集 TU 是 U_t 的时间域集合，即 $TU = \{U_{t_0}, U_{t_1}, \cdots, U_{t_{end}}\}$。

定义 3.5　输出集 Y_t：t 时刻在输出管脚 j 上出现的逻辑值为 y_{jt}，则 $Y_t = \{y_{1t}, y_{2t}, \cdots, y_{mt}\}$。时空输出集 TY 是 Y_t 的时间域集合，即 $TY = \{Y_{t_0}, Y_{t_1}, \cdots, Y_{t_{end}}\}$。

处理器系统的输出函数 $F(U)$ 和次态函数 $G(Q, U)$ 由处理器的逻辑电路唯一确定。其中 $Y_t = F(Q_t)$，$Q_{t+1} = G(Q_t, U_t)$，$t \in [t_0, t_{end}]$。因此 STQ 可以完全表征处理器系统的时间域行为：只要给定初始值 Q_{t_0}，以及输入集 U_t 在 $t \geq t_0$ 时的各瞬时值，则系统中任何一个 q_i 在 $t > t_0$ 时的变化行为就可完全确定。或者说，给定 Q_{t_0} 和 TU，即可得到唯一确定的 STQ。

根据以上定义，可知处理器系统模型具有如下特点：

（1）位变量的数量庞大：例如配备 1 MByte 存储器就使位变量达到八百万个。

（2）系统状态的数量庞大：例如当处理器在 100 MHz 主频运行时，每秒产生的系统状态达一亿个。

（3）输入集和输出集很小：由于芯片的封装限制，输入和输出管脚一般为数个至数千个。并且由于芯片规模的扩大，输入集和输出集中的元素个数与位变量个数的比值越来越小。

3.1.2　调试模型

时空状态集可由时空状态图表示，如图 3.3 所示。图中横轴为时间轴，系统状态由垂直于时间轴的时间帧表示，时空状态集即为时间帧的集合。时空状态图有直观的物理含义：每个时钟周期记录处理器硅平面上的所有存储元件的逻辑值快照，将各张快照沿时间轴依次排列即得到时空状态图。

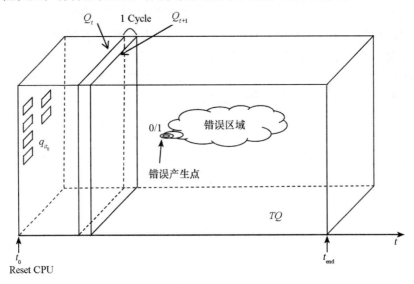

图3.3　时空状态图

处理器中的存储元件和程序执行的起止时间确定了时空变量集。一次具体的程序执行赋予了时空变量集具体的存储内容，该存储内容即是时空状态集。每个时空状态集都是对处理器系统运行过程的一次完整记录。

定义实际时空状态集 STQ_P 是处理器真实执行程序产生的时空状态集，即由系统次态函数、系统初始状态和时空输入集唯一确定的时空状态集。定义预期时空状态集 STQ_E 是调试者预期可以正确完成系统功能的时空状态集，即调试者根据系统初始状态对时空变量集存储的逻辑值做出的预期判断。虽然可能存在多个正确完成系统功能的时空状态集，但在某次具体的调试过程中，调试者对当前软件版本运行结果的预期仍然是唯一的。

参考本书第1章1.1.2节对故障和错误的解释，可以认为软件调试中的故障是代码中存在不正确语句的现象，错误是故障代码使系统产生了与预期偏离的非正常的行为或状态。一般来说，在通过软件调试来查找问题的过程中，调试者往往不能通过阅读代码直接发现故障，只有故障产生了错误后才容易从不正常的系统行为中查找原因。因此可以认为在错误产生的时间点以前，尽管代码中存在故障，但调试者的预期时空状态集与实际时空状态集仍然是一致的，只有错误发生后才会产生预期与实际的差异。从处理器模型出发，本书给出如下定义：

定义 3.6　软件错误：实际时空状态集与预期时空状态集出现不一致的现象。

定义 3.7　错误区域 BR：由错误造成实际时空状态集与预期时空状态集不一致的时空区域，即 $q(i,t)$ 的集合，$BR \subseteq TQ$。

定义 3.8　错误产生点 BBP：实际时空状态集与预期时空状态集在时间上首次出现不一致的时空位置，即 BR 中具有最小 t 的 $q(i,t)$ 集合。

错误从错误产生点开始扩散，可能会影响大部分系统状态，如程序崩溃；也可能自动消失，如不影响程序执行路径的数值计算错误。

定义 3.9　软件调试：通过调整系统初始状态，使实际时空状态集与预期时空状态集趋于一致的过程与手段。

如果没有调试工具的支持，软件调试只能采取类似黑盒测试的方法，即通过反复调整系统初始状态（程序代码），并设置不同的时空输入集（测试数据）作为激励，观测时空输出集作为调整依据，直到实际时空状态集满足预期要求。

但从上文对处理器系统模型特点的分析可知，仅从系统输入和输出信号判断和调整系统内部工作状态是非常困难的。因此调试工具对软件调试的支持就在于：

（1）尽可能多地观测系统内部的状态变化（读取位变量），以获得详细的程序执行结果；

（2）尽可能多地控制系统状态（设置位变量），以灵活地试验各种程序代码和不同输入数据下的实际运行结果，而无须从 t_0 时刻重复运行。

为了量化调试工具对系统状态可观可控的能力，定义了调试中的观测集和控制集的概念：

定义 3.10　观测集 TV：若调试工具读取的时空变量子集为 TQ'，读取的时空输入子集为 TU'，读取的时空输出子集为 TY'，则观测集 $TV = TQ' \cup TU' \cup TY'$。其中，$TQ' \subseteq TQ$，$TU' \subseteq TU$，$TY' \subseteq TY$。

定义 3.11　控制集 TC：若调试工具写入的时空变量子集为 TQ''，操纵的时空输入子集为 TU''，则控制集 $TC = TQ'' \cup TU''$。其中，$TQ'' \subseteq TQ$，$TU'' \subseteq TU$。

由此，可观测性和可控制性在调试中的具体含义可解释为：

（1）可观测性描述了可获取的观测集的范围及其获取方式；

（2）可控制性描述了可实现的控制集的范围及其实现方式。

对于调试过程来说，调试者通过调试工具设置观测集和控制集，依赖于观测集与错误区域产生交集从而发现错误存在，依赖于观测集与错误产生点产生交集查找故障原因。综合以上定义，可以得到一个描述性的调试模型，如图3.4 所示。

> ▼ **调试对象**：TQ；
> ▼ **调试工具**：提供 TV, TC；
> ▼ **软件错误**：$STQ_P \neq STQ_E$；
> ▼ **调试目的**：得到 Q_{I0}，使得 $STQ_P = STQ_E$；
> ▼ **调试过程与手段**：
> ① 通过多个 $\{TV | TV \cap BR \neq \varnothing\}$，直至搜索到 $\{TV | TV \cap BBP \neq \varnothing\}$；
> ② 调整 Q_{I0} 或设置 TC，使得 $TV \cap STQ_P = TV \cap STQ_E$；
> ③ 重复②，直至 $STQ_P = STQ_E$。

图 3.4 调试模型

本书并非试图为复杂的软件调试过程建立理论基础，而仅是为了更加清晰地分析嵌入式处理器调试的内在需求和调试技术的实现机理，并赋予各调试概念直观的物理解释，以便指导对调试方法的研究。接下来从可观测性出发，对当前迫切需要解决的非入侵调试问题进行分析。

3.2 非入侵可观测性分析

有研究者指出在过去的 40 年里，处理器的功能不断增强，速度和集成度不断提高，但开发工具提供的实时可观测性（Real-time Observability）却在不断下降，如图 3.5 所示[7]。随着 SoC 时代的到来和 Cache 的广泛使用，片外仪器难以测量片内的数据流，因此对处理器运行状态的实时观测成为一个亟待解决的问题。本节从非入侵可观测性出发，在不同层次上深入分析调试行为对调试对象的影响，指出实时观测性实际上是对时序入侵的描述。

从上节的讨论可知，调试需要对系统的内部状态和输入（输出）集进行观测和控制。理想情况下，调试者希望工具对观测集的获取方式和对控制集的实现方式不对系统原有行为产生任何影响，以便对系统的真实行为实施调试。因此本书对入侵和非入侵定义如下：调试的观测或控制对系统行为的影响称为对该系统的入侵。若调试的观测或控制对系统行为产生了影响，则称观测或控制是入侵的，反之是非入侵的。

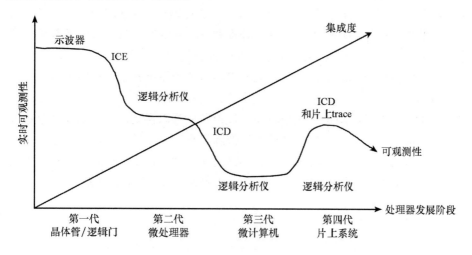

图 3.5　嵌入式开发工具提供的实时可观测性

非入侵控制是指在某一时刻可以更改部分位状态而其他位状态不受影响。通常情况下，调试中的控制是一个交互过程，需要调试者观测某一时刻的系统状态，而后对同一时刻的系统状态实施控制。调试者的交互延迟远大于一个处理器时钟周期，因此非入侵控制的意义有限，并且很少有调试工具支持运行时的非入侵控制。以下主要讨论具有重要意义的非入侵观测问题。

虽然从绝对物理意义上看，对一个系统的观测必然影响该系统的行为，但在特定研究范围内仍可以得到非入侵观测。根据入侵类型和程度的不同，从以下三层次讨论调试过程中观测系统状态造成的入侵行为。

（1）软件入侵

对程序代码的改动造成软件入侵。为调试增加的代码会占用程序和数据的存储空间，消耗处理器计算能力，还可能引出潜在的调试问题。例如，引入输出语句可能会掩盖栈或堆引起的错误，因为生成输出运行库可能在堆上分配内存，并转移栈的内容；如果问题是由编译器优化引起的，引入输出语句还可能导致优化器不能主动优化或进行不同的优化[8]。

（2）时序入侵

时序入侵指调试操作对处理器执行的时序产生了影响。严格的时序入侵包括致使时空状态集发生任何变化的操作，但一般情况下，如果这种操作没有对系统输出集造成影响，也可认为在关心的范围内没有发生时序入侵。

ICE 和 ICD 等调试方式不会造成软件入侵，但其主要调试手段——断点和单步造成时序入侵的根本原因是：从更大范围来看，断点和单步仅能提供系统中局部范围的同时动作。具体来说，当一个处理器核进入断点而暂停运行时，芯片内部独立工作的功能单元或其他处理器核仍在继续运行，板级的其他器件也仍在继续工作，电路板的输入信号源或控制的机械系统也不能立即暂停运行。因此断点提供的局部范围暂停无法提供对整个系统状态的同时观测，并有可能引起系统运行故障甚至导致机械系统失控的危险。另一方面，特定程序代码执行引起的硬件故障也可能被时序入侵掩盖而难以得到调试，如对某个地址访问造成的串扰，以及信号完整性等看似随机难以复现的错误。

因此从时序入侵的角度来理解，观测的实时性描述了调试观测中时序入侵的程度，实时可观测性则描述了无时序入侵或弱时序入侵时系统观测集的范围。

（3）电气入侵

逻辑分析仪和示波器等测量仪器需将探针与芯片管脚连接，可能对管脚上的传输信号造成影响，即电气入侵。随着处理器接口频率的增加和紧凑封装形式的使用，电气入侵更加明显。在数字电路的研究范围内，当信号逻辑值未受影响时，电气入侵不会造成其他入侵。这种情况下，可认为测量仪器采用的是非入侵的观测方法，因此它们成为图 3.5 中前三代处理器系统的主要实时观测工具。

第四代处理器系统以 SoC 为代表，外设、总线和其他系统组件被嵌入器件中，极大提高了处理器系统的集成度，缩小了测量仪器的观测范围，从而降低了实时可观测性[9]。片上 trace 技术通过专用硬件记录处理器运行信息，避免了软件入侵和时序入侵；通过专用接口与专用仿真器连接传输数据，避免了电气入侵。第四代处理器系统在原有 ICD 和测量仪器两类调试手段的基础上，增加了片上 trace 调试，从而提升实时可观测性。

3.3　片上 trace 调试技术

在上文对调试模型和可观测性的分析基础上，本节从嵌入式软件的调试阶段入手，讨论片上 trace 调试模式的内在优势以及与断点调试相辅相成的关系，分析得到片上 trace 对采集信息内容的需求，最后以路径 trace 为例讨论片上 trace 的压缩传输模型和层次实现模型。

3.3.1 嵌入式软件的调试阶段

根据调试对象和调试特征的不同，将嵌入式软件调试的生命周期大致分为
Run 和 Work Well 两个阶段。Run 阶段包含从代码开始编写至代码基本完成的
过程，接下来持续至代码优化完毕、运行稳定并可交付使用为 Work Well 阶
段。这两个阶段没有绝对清晰的界线，但其内在特点决定其对调试技术不同的
需求，如图 3.6 所示。

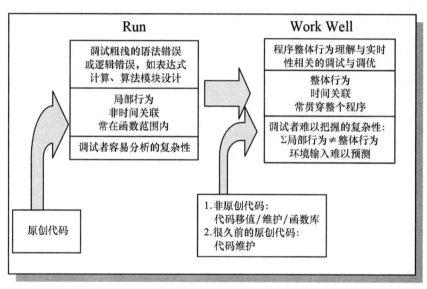

图 3.6 嵌入式软件调试的两阶段

Run 阶段的调试对象一般是调试者自己编写的代码，调试内容主要是非时
间关联的语法错误和粗浅的逻辑错误，包括错误的表达式计算和不完善的算法
模块等。此阶段的错误大多存在于函数内部，易于直接分析和修改。Run 阶段
的调试常常没有非入侵的要求，但要观测和控制尽可能多的位变量以进行细节
调试。

Work Well 阶段的调试对象包括经过 Run 阶段调试的原创代码和其他经过
Work Well 阶段的代码。后者包括移植的代码、第三方提供的函数库和需要软
件维护的源代码；还可能包括调试者自己过去编写的程序，因为时间久远也需
要如同面对新程序一样去重新理解程序行为。Work Well 阶段的调试内容包
括：程序行为理解，实时性相关的调试和性能优化等。此时调试者面临的问题

常常是受时间约束的程序整体行为，并且由于局部行为之和不等于整体行为，以及难以预测的环境交互，程序具有不易直接分析的复杂性。此阶段常常需要非入侵的观测手段，以获得程序真实行为，但通常观测少量关键位变量（如程序指针寄存器）即可获得程序的整体行为。

3.3.2　片上 trace 调试的内在优势

基于断点和单步的调试是当前最常见的片上硬件调试方式。通过在程序控制流或数据流中设置触发点，使处理器在满足某种条件时冻结运行，调试者可以访问处理器和存储器的内部状态。触发点的触发条件可以是程序运行到某地址、数据访问时的特定地址或特定数值，以及多种条件的组合等。片上 trace 技术是嵌入式系统非入侵调试的产物，它通过专用硬件电路实时获取处理器正常运行过程中的内部状态，如图 3.7 所示。通过片上 trace，程序员可以在完全不影响处理器运行的情况下获得调试所需信息，如程序执行路径和数据访问等。但由于实际硬件电路通过采集存储元件的输入或输出信号来获取位状态信息，因此采集的信号类型必须在处理器硬件电路设计时确定，并且硬件开销极大限制了采集信号的数量。

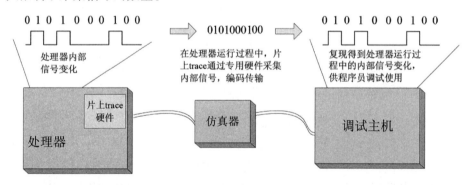

图 3.7　片上 trace 调试技术

时空状态图描述了这两种调试方式的内在差异和相互辅助的功能关系，如图 3.8 所示。断点和单步方式只观测某一时间点上的全部位变量，而 trace 方式观测全部时间点的某些位变量。两种调试方式都依赖于其观测集与错误区域产生交集从而发现错误存在，与错误产生点产生交集查找故障原因。断点和单步方式不易定位到错误产生点，同时还切断了程序执行的连续时间变化过程，优势是可以访问全部位变量；trace 方式的不足是记录的位变量数量受限，优势是可以连续记录对时间敏感的关键位变量。两种方式在功能上互为补充。从上文对嵌入式调试阶段的分析可知，断点和单步方式适于在 Run 阶段发挥重要作用，而对于 Work Well 阶段，trace 方式是必要的调试手段。

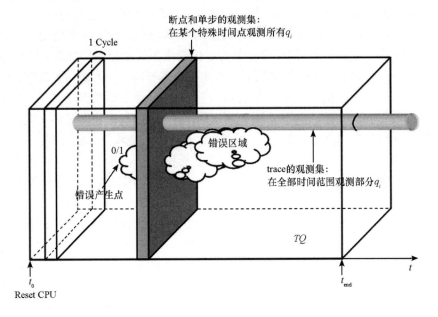

图 3.8　片上 trace 与断点和单步调试方式的功能关系

3.3.3　片上 trace 实现模型

3.3.3.1　片上 trace 技术的关键问题

理想情况下，片上 trace 技术应提供对所有位变量的非入侵观测。但由于芯片硬件的限制，特别是有限的管脚限制了接口通信带宽，因此无法将海量的位状态信息传输至片外。另一方面，也没有必要输出所有的位状态。基于上一节对软件调试阶段和片上 trace 优势的分析，耗费专用硬件的片上 trace 技术应提供关键的调试信息，着重解决其他调试方式无法满足的调试需求。由此总结出片上 trace 技术要解决的关键问题：如何在有限通信带宽的约束下非入侵地提供满足一定调试需求的片上信息。下面就从如何选取满足调试需求的信息和如何满足带宽约束两方面展开讨论，片上 trace 的具体实现结构则在后面章节中结合 TraceDo 框架给出。

3.3.3.2 片上 trace 提供的关键信息

在片上 trace 关键调试信息的选取方面[10-15]，路径 trace 提供了 Work Well 阶段所需的关键信息，并且容易实现较高的数据压缩率，是当前片上 trace 主流技术的记录内容。路径 trace 可等效为记录 PC 寄存器的 32 个位变量，但在具体实现中一般都会利用 PC 寄存器的变化规律和其他相关信息来大幅度减少实际记录的位状态。在理想情况下，若非有处理器发出写入操作，数据存储器的内容不会发生变化，因此记录全部的写入操作即可获得数据存储器的全部位状态。另一方面，记录对数据存储器的读出操作可以间接获得很多处理器内部寄存器的位状态，因此数据访问（即数据 trace）也是片上 trace 的常见记录内容。但数据 trace 的数量过多难以全部被记录和传输，同时也没有必要全部采用非入侵的方式来实现，因此部分数据 trace 方案采用触发或过滤的方式，仅记录调试者关心的数据访问。

此外，芯片内部还有一些不易通过路径 trace 和数据 trace 获得的信息，如取指和取数造成的流水线阻塞（PStall 和 DStall）、Cache 失效、DMA 传输和 IP 核的运行情况等。这些行为可看作同控制流并发的事件，对完整和清晰地分析处理器运行过程，特别是对嵌入式多核环境下存储行为的调试和调优都有重要意义。这些并发事件的起止往往不受指令执行的直接控制，涉及的位变量数量较少但时间信息较多，因而适于设置专门的事件 trace 来非入侵地记录。CoreSight[13] 和 PDtrace[14] 等片上 trace 方案可以记录流水线阻塞的节拍。Synopsys 公司的 ARC 处理器也提供片上 trace 方案，可以记录处理器的内部事件[15]。

3.3.3.3 片上 trace 的实现模型

为了在有限通信带宽的约束下提供片上执行信息，通常是对采集的信息进行数据压缩，经过有限带宽的数据通路传输后再解压缩。若将 trace 信息看成纯粹的数据流，可采用通用的实时硬件数据压缩方法[16-17]。而对于处理器运行程序这一特殊环境中产生的片上信息，有与体系结构相关的（Architecture Related，AR）压缩方法来进一步去除信息冗余，下面结合路径 trace 具体分析。

记录程序执行路径是片上 trace 最重要的功能。路径 trace 的 AR 压缩传输模型如图 3.9 所示，程序的目标代码在真实处理器中运行，处理输入数据产生程序执行路径。片上 trace 记录该路径，压缩成 trace 消息传输至调试主机中的

trace 分析器复现程序执行路径。对于调试主机和目标处理器分离的嵌入式系统，主机和目标处理器两端都有对计算过程的描述（程序）和计算结构（处理器）的信息。因此片上 trace 在记录程序执行路径时，应尽量去除冗余的程序结构信息和体系结构信息，仅传输分析器缺少的由输入数据影响的程序路径信息。

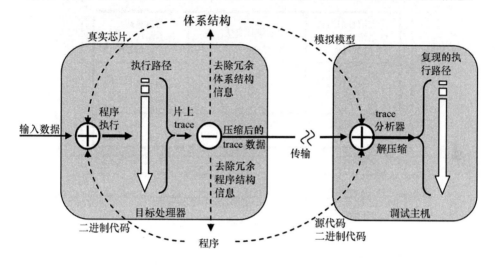

图 3.9　体系结构相关的压缩传输模型

下面给出一种具体实现路径 trace 的方法。程序指针是程序执行路径的直接记录。默认的程序执行路径是顺序执行，执行到分支指令或发生中断才产生源程序不能确定的路径。在软件模拟器中运行程序，根据路径 trace 提供的分支和中断的执行结果指定程序控制流转移，将非分支指令均当作空操作，即可精确复现程序的执行路径。因主机端可能无法获得更改后的程序代码，这种路径 trace 方法不适用于运行中更改程序代码的情况。

当前大部分路径 trace 实现方案都略有调整地采用这种 AR 压缩传输模型[10-15]；少部分路径 trace 采用了体系结构无关的（Non-Architecture Related，N-AR）数据压缩方法，如对不连续控制流转移的起止地址采用硬件 LZ 字典压缩[16-17]。

对于数据 trace，由于读写数值和访问地址由应用程序决定，当前方法都将其作为纯粹的数据流对待，实施 N-AR 压缩方法[10-15]。事件 trace 是针对处理器体系结构中的具体事件而设，因此也应按照事件信号的特点设置 AR 或 N-AR 采集和压缩方法，尽量减少信息冗余。

根据以上分析，可抽象出片上 trace 的层次实现模型，如图 3.10 所示。片上 trace 即是对 trace 信息进行采集、压缩、传输、解压缩和复现的过程。AR 压缩通常与信息采集方式结合实现，在经过 AR 压缩后，仍可实施 N-AR 压缩进一步减少信息冗余。

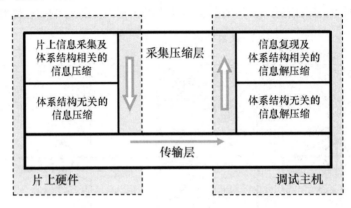

图 3.10　片上 trace 的层次实现模型

3.4　本章小结

本章对调试模型和片上 trace 的原理展开研究。建立了基于处理器存储元件状态集合的调试模型，清晰地阐述了处理器调试的内在需求及调试手段的工作机理，赋予各调试概念直观的物理解释，分析了调试所需的可观测性和可控制性的含义和必要性。对当前重点关注的实时可观测性问题，从软件入侵、时序入侵和电气入侵三个方面给予了分析和解释，指出实时可观测性是对时序入侵的描述。从调试模型分析了 trace 调试的内在优势，以及与断点和单步方式相辅相成的关系。断点和单步方式观测某一时间点上的全部位变量，而 trace 方式观测某些位变量的全部时间值，因此这两种方式适于在嵌入式软件的不同调试阶段发挥优势。

在以上分析的基础上，总结出片上 trace 技术要解决的关键问题，并分析了片上 trace 对路径、数据和事件三类采集信息的需求特点，通过路径 trace 讨论了体系结构相关的压缩传输模型，给出了一个片上 trace 的层次实现模型。

在后续章节的研究中，将基于 DSP 平台，建立一个具体的片上 trace 调试框架实例，并从采集压缩层和传输层进行研究。

参 考 文 献

［1］ Leatherman R, Stollon N. An embedding debugging architecture for SoCs［J］. IEEE Potentials, 2005, 24(1): 12 – 16.

［2］ Kirovski D, Potkonjak M, Guerra L M. Improving the observability and controllability of datapaths for emulation-based debugging ［J］. IEEE Transactions on Computer-Aided Design of Integrated Circuits and Systems, 1999, 18(11): 1529 – 1541.

［3］ Sedaghat M R. Fault emulation: reconfigurable hardware-based fault simulation using logic emulation systems with optimized mapping ［D］. Hanover: University of Hanover. 1995.

［4］ Goldstein L H. Controllability/observability analysis of digital circuits ［J］. IEEE Transactions on Circuits and Systems, 1979, 26(9): 685 – 693.

［5］ Bushnell M L, Agrawal V D. 超大规模集成电路测试: 数字、存储器和混合信号系统［M］. 蒋安平, 冯建华, 王新安, 译. 北京: 电子工业出版社, 2005.

［6］ 毛法尧. 数字逻辑［M］. 北京: 高等教育出版社, 2000.

［7］ Swoboda G. Combat integration's dark side with new development tools［J］. Electronic Design, 2003, 51(20):67 – 67.

［8］ Robert C M. 软件调试思想: 采用多学科方法［M］. 尹晓峰, 马振萍, 译. 北京: 电子工业出版社, 2004.

［9］ Mayer A, Siebert H, McDonald-Maier K D. Boosting debugging support for complex systems on chip［J］. Computer, 2007, 40(4): 76 – 81.

［10］ Nexus 5001 forum™ standard［EB/OL］. ［2020 – 02 – 11］. https://nexus5001. org/nexus-5001-forum-standard/.

［11］ Mayer A, Siebert H, McDonald-Maier K D. Debug support, calibration and emulation for multiple processor and powertrain control SoCs［EB/OL］. ［2020 – 02 – 11］. https://arxiv. org/abs/0710.4827

［12］ McDonald-Maier K D, Hopkins A. Debug support strategy for systems-on-chips with multiple processor cores［J］. IEEE Transactions on Computers, 2006, 55(2): 174 – 184.

［13］ Embedded trace macrocell architecture specification［EB/OL］. ［2020 – 04 –

25]. https://documentation-service. arm. com/static/5f90158b4966cd7c95f d5b5e? token =.

[14] PDtrace™ interface specification[EB/OL]. [2020 – 04 – 25]. https://www. doc88. com/p – 2502492757701. html? r = 1.

[15] DesignWare small real-time trace facility (SmaRT)[EB/OL]. [2020 – 05 – 11]. https://www. synopsys. com/dw/ipdir. php? ds = arc_smart_trace.

[16] Huang S M, Huang J, Kao C F. Reconfigurable real-time address trace compressor for embedded microprocessors[C]//Proceedings of International Conference on Field-Programmable Technology. IEEE, 2003: 196 – 203.

[17] Kao C F, Huang S M, Huang J. A hardware approach to real-time program trace compression for embedded processors [J]. IEEE Transactions on Circuits and Systems I: Regular Papers, 2007, 54(3): 530 – 543.

第 4 章　多核片上 trace 调试框架：TraceDo

当前对片上 trace 技术的研究多侧重于 trace 信息的采集压缩方法以及消息协议设计。经过对片上 trace 原理和内在优势的深入分析，发现当前的研究在压缩效率、采集内容与数据量的折中、有效的功能配置等方面仍存在值得改进的部分。

本章基于多核 DSP 平台构建了一个具体的片上 trace 调试框架 TraceDo，并从采集压缩层展开研究。TraceDo 采用模块化设计，非入侵地记录多核处理器的路径 trace、数据 trace 和事件 trace，具有良好的可扩展性。鉴于协议设计直接影响压缩效果，本章也给出了关键的消息协议格式。

在 TraceDo 的设计过程中，提出了一些改进和创新的方法：为路径 trace 中的条件分支设计了更高效的压缩编码方式；设计了路径 trace 的分支输出配置位，可灵活配置采集内容；专门设置了可有效辅助程序调优的事件 trace，采用在记录精度和数据量之间可灵活折中的编码方式；设计了配置指令 NOP_config，可在程序运行中非入侵地对 trace 功能进行配置访问。实验结果表明，以上方法能有效压缩路径 trace 输出的数据量，可以满足对调试信息的不同需求。

4.1　TraceDo 框架

为了提供研究片上 trace 技术所需的基础平台，依照片上 trace 层次实现模型的指导，基于典型多核 DSP 构建了一个具体的片上 trace 调试框架 TraceDo。TraceDo 采用模块化结构，易于裁减或应用于其他多核结构的处理器，其总体结构如图 4.1 所示。

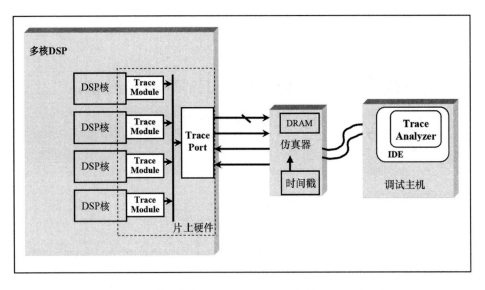

图4.1 片上 trace 调试框架 TraceDo

TraceDo 框架包括片上硬件、仿真器（Emulator）和可视化分析工具（Trace Analyzer）三部分。每个 Trace Module 采集对应 DSP 核的程序执行路径（路径 trace）、数据访问（数据 trace）和功能事件（事件 trace）等信息，压缩成 trace 消息后，经过缓冲器、trace 消息专用 Trace Port 和仿真器传输至调试主机。仿真器从 Trace Port 接收数据时加入片外时间戳，与 trace 消息中含有的片内时间戳配合使用来精确记录时间信息。Trace Analyzer 在调试主机中运行，依托 DSP 集成开发环境（Integrated Development Environment，IDE）实现。Trace Analyzer 解压缩 trace 消息，复现程序行为并与源程序对应，还采用可视化方式输出分析结果以方便调试者使用[①]。

片上 trace 硬件结构采用模块化设计，具有良好的可扩展性，如图4.2 所示。首先，单元仲裁器（Unit Arbitrator）将经过各 trace 单元（Trace Unit）压缩的 trace 消息写入 trace 缓冲器 Main FIFO。其次，trace 总线仲裁器（Trace Bus Arbitrator）从 trace 缓冲器中读取消息并发送至打包器（Trace Package），同时加入辨别消息来源的 ID 号（Core_ID）。最后，经过打包的 trace 消息由 Trace Port 输出至片外。

---

① 第6.2.2 节介绍了 Trace Analyzer 的有关实现。

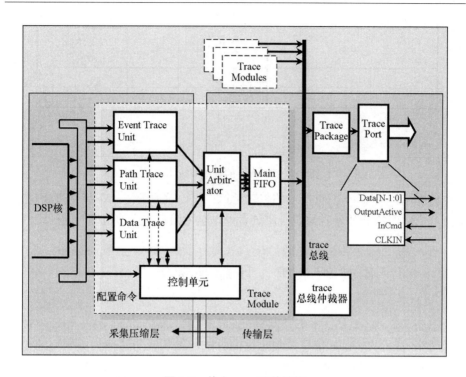

图 4.2　片上 trace 硬件结构

采集的 trace 数据被压缩编码成 trace 消息进行传输。TraceDo 的消息格式采用字节单位变长编码格式。每种类型消息由首字节的消息头（Header）标识，消息长度通过一个后续指示位（Following bit，F 位）或消息中的长度域指示。F 位指示了下一个字节是否属于本消息。使用 F 位的一般消息格式由图 4.3 给出。

TraceDo 的消息格式有如下优点：

（1）同以 bit 位为消息长度变化单位的格式相比，以字节为单位的变长格式简化了缓冲器和数据通路结构，又保留了一定灵活性；

（2）在不同消息类型中，为出现频率高的消息类型设计了更短的消息头；

（3）在相同类型的消息中，通过 F 位，出现频率高的短消息占用了更少的消息长度指示开销；

（4）消息格式与 Trace Port 结构的耦合性小。

由于 trace 消息经过片内传输到达 Trace Port 时会有一定延迟，为了精确地得到 trace 消息的发生时间，在各 trace 单元中可配置产生与 trace 消息附着的片内时间戳。消息到达 Trace Port 时获得端口时间戳。两个时间戳的差值即为

1st Byte			2nd Byte (option)		...	Last Byte (option)
Header	F 1 bit	Data Sect	F 1 bit	Data Sect	...	Data Sect

Header：消息类型
F=1：无后续字节
Data Sect：消息数据

图 4.3　TraceDo 的基本消息格式

片内传输结构对 trace 消息造成的传输延迟，仅该差值随消息一起传输至片外。通过片内时间戳和片外时间戳，调试者可以获得消息发生的精确时间标记。

4.2　trace 信息的采集、压缩与配置

基于 TraceDo 框架，本节从路径 trace、数据 trace、事件 trace 和硬件功能配置几个方面讨论 trace 信息采集压缩的方式与结构，与其他相关研究的比较评估集中在 4.3 节和 4.4 节进行。

4.2.1　路径 trace

根据上一章对片上 trace 实现模型的分析，路径 trace 可以通过记录分支和中断的执行来实现。在 DSP 指令系统中，分支指令和中断类型如表 4.1 所示。其中 BC 指令产生确定目标地址的路径转移地址，无须记录传输。需要记录的内容有 BR 的目标地址，IBC 是否分支，IBR 是否分支和目标地址，Interrupt 是中断信息以及时间信息。BR 和 IBR 的目标地址可能在源程序中已知，但编译后该信息被隐藏，使得硬件执行普通分支指令时难以判断。TraceDo 设计了分支输出配置位，从而允许编译器同片上 trace 硬件通信来处理此类冗余信息传输。为方便叙述，用 IBC_Y 和 IBR_Y 分别表示分支成功的 IBC 和 IBR，用 IBC_N 和 IBR_N 分别表示分支失败的 IBC 和 IBR。

表 4.1　DSP 的分支指令和中断类型

类型	描述	是否转移路径	转移目标地址	未知信息
BC	直接分支 Call，if	确定	编译时已知	发生时间
BR	间接分支 Return，switch	确定	编译时可能已知	发生时间 目标地址
IBC	条件直接分支 Loop，if	不确定	编译时已知	发生时间 是否分支
IBR	条件间接分支 Return，switch	不确定	编译时可能已知	发生时间 是否分支 目标地址
Interrupt	软硬件断点触发	确定	编译时未知，但目标 地址的数量有限	发生时间 中断类型

对其他体系结构的处理器，也应根据具体分支指令的特点来定制构造类似的路径 trace 方法，同样通过编译器与片上 trace 硬件的通信来尽量避免传输冗余信息，这样才能获得高效的采集压缩结果。

4.2.1.1　消息类型及编码方式

为路径 trace 设计了五种消息类型，如图 4.4 所示。其中，短串消息（Short Char Message）和长串消息（Long Char Message）记录 IBC 和 IBR_N 指令的执行结果，间接分支消息（Indirect Branch Message）记录 BR 和 IBR_Y 的分支目的地址。由于采用了压缩机制，单个短串消息、长串消息或间接分支消息无法提供完整的分支目标地址，因此当缓冲溢出造成部分消息丢失时，Trace Analyzer 无法从后继消息中恢复出正确的程序执行路径。因此设计了同步消息（Synchronization Message），在溢出后或周期性地提供非压缩的程序执行地址，作为后续使用压缩机制的路径 trace 消息的同步起点。中断是小概率事件，并且可能在程序执行到任意地址时发生，因此单独设置了中断消息（Interrupt Message）。中断消息包含三个字段：中断类型（IntID）、中断请求寄存器（MaskIntReg）和 Instr_Count。Instr_Count 是自上一个生成消息输出的分支指令后执行的指令执行包数目，供 Trace Analyzer 计算中断发生地址。下面对这五类消息进行逐一介绍。

短串消息

Header 2 bit	Bit Mapping 6 bit
01	xxxxxx

长串消息

Header 3 bit	Branch Taken SubBit	Length Encoding 4 bit
001	1 / 0	Max Counter $2^4+5=21$

间接分支消息

1st Byte		2nd Byte (option)		3rd Byte (option)		4rd Byte (option)		5rd Byte (option)	
Header 1	F 1 bit	[7:2]	F 1 bit	[14:8]	F 1 bit	[21:15]	F 1 bit	[28:22]	00000	[31:29]

同步消息

1st Byte		2nd Byte		3rd Byte		4th Byte (option)		5th Byte (option)
Header 0001001	Y/N 1 bit	[9:2]	F 1 bit	[16:10]	F 1 bit	[23:17]	[31:24]

中断消息

1st Byte	2nd Byte	3rd Byte	4th Byte		5th Byte (option)		6th Byte (option)
Header 00010000	IntID [7:0]	MaskIntReg [7:0]	F 1 bit	Instr_Count [6:0]	F 1 bit	Instr_Count [14:7]	F 1 bit	Instr_Count [21:15]

图 4.4　路径 trace 消息类型

　　长串消息和短串消息由长短串编码器（Long & Short Char Encoder, LS Encoder）编码生成，如图 4.5 所示。长短串编码器在位映射（Bit Mapping）模式与游程编码（Length Encoding）模式间灵活切换，高效地记录 IBC/IBR_N 的执行结果序列。

　　长短串编码器初始时处于位映射模式。位映射模式中的历史缓冲器（HisBuffer）是一个 6 位的左移移位寄存器，预装载初始值为 111110。初始值中的最低位"0"充当了分隔符（Invalid Char），使 Trace Analyzer 可以辨别有效分支结果的结束位置。IBC 的分支结果以 0 和 1 表示，IBR_N 等同未成功的 IBC 处理。处于位映射模式的长短串编码器不断将发生的 IBC/IBR_N 分支结果（New Bit）移位进入历史缓冲器，Invalid Char 将有效的分支结果同无效的预装载初始值分隔开。如果历史缓冲器的 5 个有效位是全"0"或全"1"，且下一个 New Bit 与历史缓冲器的记录相同，则长短串编码器从位映射模式进入

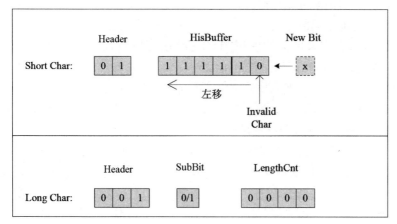

(a) 结构

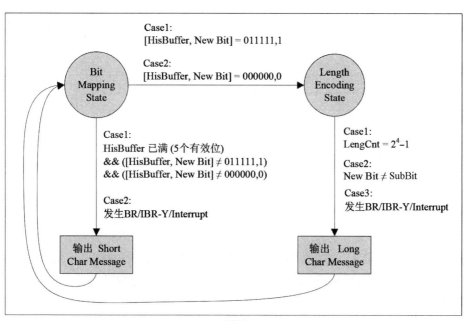

(b) 机制

图 4.5　长短串编码

游程编码模式。此时历史缓冲器的低 4 位被游程计数器（LengthCnt）替代，记录连续全"0"或全"1"分支结果的个数，第 5 位（SubBit）标识了游程计数器记录的是全"0"还是全"1"。包括位映射模式中记录的 5 个分支结果，有 4 位计数器的游程编码模式最多可记录 21（即 $5+2^4$）个分支结果。计数满或收到与之前不同的分支结果时，长短串编码器在游程编码模式中结束并输出长串编码消息。为保证能够记录分支的正确执行顺序，当 BR/IBR_Y/Interrupt 出现时，立即结束该次长短串编码。在位映射模式中结束长短串编码则输出短串消息，在游程编码模式中结束则输出长串消息。

间接分支消息采用相异部分传输的压缩方式，即仅记录前后两个 BR/IBR_Y 指令分支地址中的不同部分。对目标地址与参考地址进行异或运算（XOR），仅将结果中从低位起不为全 0 的部分字节编码到间接分支消息中，如图 4.6 所示。在 32 位字长的体系结构中，若合法指令地址的低 2 位始终为 0，则无须传输该低 2 位。参考地址由上一个间接分支消息的目标地址或同步消息发送地址更新。由于比较器采用异或门实现，因此本书将这种相异部分传输的压缩方式简称为 XOR 编码。

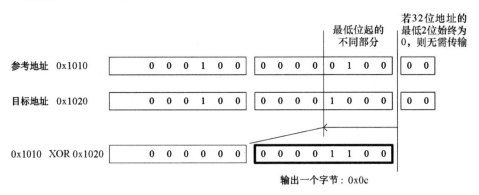

图 4.6　XOR 编码机制

同步消息在每 N 条分支指令执行后被触发产生，N 值可由用户配置，默认为 256。同步消息包含当前分支指令的指令地址（若分支失败），分支指令的目的地址（若分支成功）。同步消息的压缩方式是去掉地址高位中的 0 并且字节对齐。

分支仅在分支指令处改变程序控制流，因此 Trace Analyzer 通过记录分支指令的执行顺序即可获得控制流转移的发生地址。但中断可能在任意地址改变程序控制流，并且中断发生次数远少于分支执行次数，因此设置了含有发生地址的中断消息。

4.2.1.2 分支输出配置位

为灵活配置 TraceDo 的路径 trace，设计了以下三种分支输出配置位：

（1）使能输出位（Enable_Bit）。设置在路径 trace 单元中，控制 BC、BR、IBC、IBR 和 Interrupt 是否被记录编码输出。默认状态为禁止输出 BC 分支[1]，使能输出其他四种类型。

（2）强制输出位（Force_Bit）。设置在 BR 和 IBR 指令码中，作用是强制该 BR 和 IBR 指令产生输出消息，即使该类型分支已被其 Enable_Bit 禁止。

（3）降级输出位（Degrade_Bit）。设置在 BR 和 IBR 指令码中。设置了该位的 BR 指令被路径 trace 单元当作 BC 指令对待，默认不予输出；设置了该位的 IBR 指令被当作 IBC 对待，仅输出分支是否成功。

当用户仅希望了解一部分处于关键程序位置的 BR 和 IBR 指令的执行信息时，可以将 Enable_Bit 与 Force_Bit 配合使用：先用 Enable_Bit 禁止 BR 和 IBR 类型输出，再设置希望输出的部分 BR 和 IBR 的 Force_Bit 即可实现。

由于含有具体的地址内容，BR 和 IBR 产生的间接分支消息会占用大量传输带宽。但很多情况下，编译器产生 BR 和 IBR 指令不是由于不确定的分支目的地址，而是由于偏移地址长度超过 BC 和 IBC 指令的表达范围，或为了满足函数调用返回地址压栈的需要。因此，设置 Degrade_Bit 来减少对确定分支目的地址的记录和输出。

Force_Bit 和 Degrade_Bit 需要各占用 BR 和 IBR 指令码中的一个 bit 位，具体的设置工作由软件工具通过更改二进制程序代码中的相应指令位来实现。对于一般处理器的指令集，如 DSP，间接分支指令码内仅指示了含有地址的寄存器而不包含实际的分支偏移地址，因此通常 BR 和 IBR 指令码中有足够的保留位可以使用。TraceDo 利用这些配置位实现与片上 trace 硬件的通信，允许使用者灵活控制路径 trace。实际上，Force_Bit 的通信功能也可以使用其他指令码中的保留位来实现。

4.2.1.3 路径 trace 工作机制

结合一段具体代码解释路径 trace 工作的详细过程（未使用分支输出配置位），如图 4.7 所示。其他类型的 trace 具有类似的传输过程，而编码、解码方式和分析过程按照各自的信号特点设计。

---

[1] 使能输出 BC 分支的方法是将其作为成功的 IBC 处理。

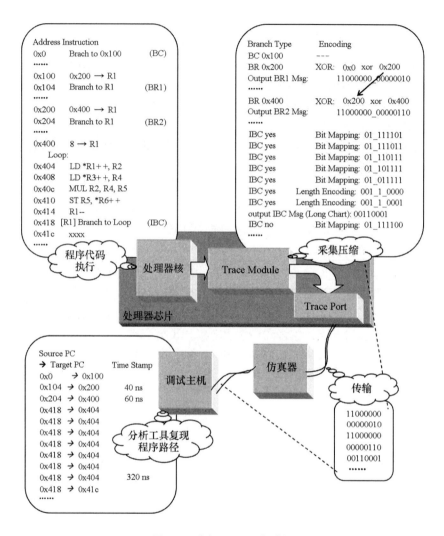

图4.7 路径 trace 工作过程

在图 4.7 所列程序伪代码中，处理器依次执行了 4 条分支指令 BC、BR1、BR2 和 IBC。在 trace 编码部分，BC 具有源程序已知的分支目的地址而无须输出；BR1 的目的地址是 0x200，与前次输出地址（初始值为 0x0）作异或运算后，截取非 0 的低字节，加入码头成为 2 字节长的间接分支消息；BR2 将其目的地址 0x400 与前次输出地址 0x200 也经 XOR 编码成间接分支消息后传输；IBC 指令由一个循环 8 次的循环体编译产生，将其前 7 次连续成功的分支结果用长串编码输出，第 8 次失败的分支结果由短串编码采用位映射方法记录。仿真器接收由输出端口输出的 trace 消息并传输至调试主机，同时加入片外时间戳。主机端的分析工具根据 trace 消息记录的分支结果和程序控制流模型，恢复出带有时间信息的程序执行路径。

4.2.2　数据 trace

数据 trace 单元记录 Load 和 Store 指令读写的数值及地址，数据 trace 消息格式如图 4.8 所示。TraceDo 通过触发和过滤机制减少海量数据访问带来的消息数据量，其中过滤机制采用级联比较器实现，仅输出访问数值和地址与比较寄存器的比较结果，如图 4.9 所示。比较寄存器的内容由使用者按需要预先设定。

1st Byte			2nd Byte			3rd~10th Byte (option)
Header 000101	WR	Cmp	Type [1:0]	AddrByte [2:0]	DataByte [2:0]	Address, Data

WR：Write/Read

Cmp=1：AddrByte/DataByte 经过滤输出，无后续3rd~10th字节

Cmp=0：AddrByte/DataByte 分别指示3rd~10th字节中Address/Data段的长度

Type[1:0]：数据类型。Type=00时为32 bit；Type=01时为16 bit；Type=10时为8 bit

图 4.8　数据 trace 消息格式

当未使用过滤机制时，数据 trace 单元输出精确的访问数值及地址。为了应对数据访问中存在的局部性，使用简单的 XOR 编码。若可接受更高的硬件耗费代价，也可使用如差分编码[1-4]和字典编码[5-7]等数据压缩技术进一步减少数据序列中的冗余信息。由于 XOR 编码使数据 trace 消息间存在前后关联，与路径 trace 类似，数据 trace 也需要同步消息提供完整的数值和地址来处理消息溢出。

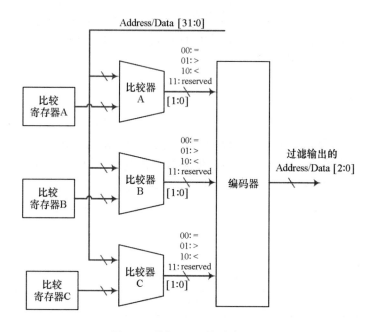

图 4.9 数据 trace 的过滤机制

4.2.3 事件 trace

事件 trace 记录了处理器运行中部分关键的事件信息，包括取指和取数造成的流水线阻塞（PStall 和 DStall）、Cache 失效和 DMA 传输等，以便更加完整和清晰地分析处理器运行过程，调试并发事件。事件 trace 具有良好的可扩展性，原则上对程序路径和数据访问之外的 trace 信息记录都可归由事件 trace 进行，因此事件 trace 也适合辅助调试有多个功能单元和 IP 核的 SoC。第 6 章给出了事件 trace 在多核环境下辅助程序分析和调优的一个具体应用，本节仅给出采集压缩方法与消息协议。

在处理器中记录事件信息的基本实现方法是对事件发生和结束的标志信号进行编码传输。精确编码的方式有位映射编码（记录连续变化的信号电平状态）、游程编码（记录持续有效的信号长度）和坐标编码（记录稀疏变化的信号起止点）。非精确的编码方式在可配置的间隔内，统计信号的有效周期和有效跳变等。也可将以上各种编码方式混合使用。根据信号特征选择合适的编码机制，可获得事件 trace 在精度和数据量上的灵活折中。

下面以 Stall 事件为例讨论具体的事件 trace 实现方式，一方面，Stall 事件发生频繁，有效信号多为几个至几十个时钟周期，全部精确记录的代价较大。另一方面，Stall 信息主要用于程序优化点选择等方面，也并不要求精确记录。因此对 Stall 事件采取非精确的编码机制：在可配置间隔（StallCntInterval）内记录 Stall 信号的发生次数或有效周期数。可配置间隔可由 CPU 周期数或路径 trace 单元的分支记录数指定。Stall 消息格式如图 4.10 所示，当计数器（Counter）溢出时仅输出带有溢出指示（N/F = 1）的消息首字节。Stall 事件的编码机制可获得精度和数据量间的灵活折中。用于数据批量传输的 DMA 操作发生次数很少，因此采用坐标编码，具体消息格式在此从略。各类事件 trace 消息均可使能或禁止输出，以方便调试者使用。

1st Byte			2nd Byte (option)		3rd Byte(option)
Header 000111	P/D	N/F	F 1 bit	Counter [6:0]	Counter [14:7]

P/D：PStall/DStall

N/F=1：计数器溢出，无后续2个字节

图 4.10　Stall 消息格式

4.2.4　功能配置方式

TraceDo 片上硬件的配置功能通过控制寄存器完成。所有片上硬件的控制寄存器都映射到各 DSP 核的存储空间中，可由处理器指令访问或通过 JTAG 调试端口访问。除了 Load 和 Store 指令，还设计了一种非入侵的配置指令 NOP_config。

NOP 指令是 VLIW 结构处理器为了填充多周期指令的延迟槽和并行执行包的部分空槽而设置的空操作指令（No Operation）。NOP 指令在程序中有相当高的出现比例[①]，而且 NOP 指令码中一般有多个保留位，因此可用于与片上硬件通信。以 DSP 指令集为例，设计了在处理器流水线中等同于 NOP 的新指令 NOP_config。NOP_config 指令将 NOP 指令码中的保留位提取出来，用作片上 trace 硬件寄存器的配置命令（Config Command）或作为标识码（Context ID），如图 4.11 所示。标识码由标识消息（Context Message）直接输出，可用

---

① 例如，在某 DSP 的程序代码中，NOP 指令分别占表 4.3 中 JpegE 和 MP3D 测试程序总指令数的 10.6% 和 14.1% 。

于指示程序执行到了该标识码所在的位置。标识消息格式于图 4.12 中给出。为了可视化分析工具同步处理对配置寄存器的改动，将每次配置写操作都编码成为配置命令消息发送至调试主机，具体消息格式从略。NOP_config 的具体设置工作也由可视化分析工具中的软件工具辅助完成。

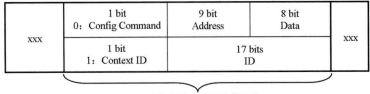

图 4.11　NOP_config 命令

	1st Byte			2nd Byte		3rd Byte	
Header 0000	F 1 bit	ID [2:0]	F 1 bit	ID [9:3]		00000	ID [12:10]

图 4.12　标识消息格式

4.3　Trace 信息采集压缩方法的相关研究及比较

片上 trace 的相关研究已于第 2 章进行了总体介绍，本节对具体的信息采集压缩方法进行分析和比较。

Nexus 的基本消息格式为 6 位定长消息头和可选的数个后续数据字段。数据字段以位为单位可变长度，并去除高位无效 0。Nexus 消息格式的优点是既可避免消息自身携带消息长度和字段长度的指示信息，又可利用按位变长的优点来消除冗余。但在固定宽度的片外接口和数据通路中传输消息时，变长的数据字段和不定的数据字段个数带来了一些困难。Nexus 的片外接口定义了 1~2 个控制位，辅助外部工具（一般为 trace 仿真器）在接口数据流中切分字段和消息。这种方式要求相邻的变长字段必须按接口数据宽度对齐，否则无法实现字段切分；若未能对齐则需要使用无效位来填充。例如，对由消息头"000100"和两个字段"111""1"组成的一条消息，在 8 位数据宽度的 Trace Port 中需传输三次："00010011""1xxxxxxx""1xxxxxxx"，其中"xxxxxxx"即是无效填充位，并且数据宽度越宽，无效填充位就越多，接口带宽浪费越严重。

由于 Nuxes 仅输出所有执行的不连续路径转移（包括所有成功的分支和中断），每个 Nexus 分支消息都需要包含一个 I-CNT 字段[8]。I-CNT 记录从上一个成功分支后执行的指令数。依赖于 I-CNT 字段，软件开发工具才能将成功的分支指令同其他分支指令区分开，从而获得中断发生的地址。其中的冗余在于：分支指令的地址在源代码中可以获得，却仍由 I-CNT 精确指示；中断发生地址虽然未知，但中断发生比例很小，应该单独处理；并且不成功的分支比例有限，避免传输不成功分支带来的收益通常不足以补偿 I-CNT 的代价。Nexus没有独立的事件 trace，但提供了用户可自定义的事件消息类型。

Nexus 2003 设置了新的间接分支历史消息（Indirect Branch History，IBH），在间接分支消息中加入 HIST 字段，采用位映射方式记录该间接分支前执行的每个直接分支结果（BC 和 IBC，无论成功与否）。Nexus 2003 还增加了新的重复分支消息（Repeat Branch，RB），采用游程编码方式记录重复发生的分支，可有效减少循环程序段产生的分支消息数。

Hopkins 提出了基于多核 SoC 的片上 trace 结构[2]。它采用固定 38 位长度的消息格式，用其中一个 3 位长的字段记录消息的来源，用一个 26 位长的字段逐位记录每个直接分支的结果。对间接分支的目标地址、数据访问的数值和地址采用差分压缩，即传输前后两次数据的差值。但是未提及如何处理中断，也无对事件消息的处理。

Kao 的研究限于压缩方法，通过硬件实现 LZ 字典压缩获得较高的路径消息压缩率[7,9]。他将地址访问当作普通的连续数据流进行压缩，而与处理器不连续控制流（如分支机制）的具体实现方法无关，因此获得了较好的可移植性；但同时也就不能进行体系结构相关的信息压缩，无法去除程序代码中含有的冗余信息。另一方面，LZ 字典压缩的硬件开销较大，在 0.18 μm 工艺下，地址压缩模块的总面积达 511 616 μm^2，关键路径延迟达 5.4 ns[7]。

CoreSight 中的 ETM 模块完成指令与数据 trace 功能，记录流水线中每条指令的执行情况，ETM10RV 的面积消耗达到 690 000 μm^2。可选择记录流水线阻塞信息，方法是将 Stall 信号同指令执行结果混合编码。同 Nexus 类似，CoreSight 没有提供独立的事件 trace，但用户可自定义保留的消息类型。MIPS的 PDtrace 系统支持多流水线，每条指令执行时至少要输出一条 trace 消息[10]，也可选择在流水线阻塞的每个节拍输出一条指示消息。

基于定长消息格式，TraceDo 为 IBC 和 IBR - N 设计了高效的位映射和游程编码方式，提高了对路径 trace 信息的压缩效果。将程序执行信息分解为路径消息和 Stall 事件消息，在保证准确记录执行路径的同时，还可在精度和数据量间灵活折中地记录 Stall 信息。而 CoreSight 和 PDtrace 记录 Stall 信号时仅有单一的精确模式，其他几种方法没有提及记录流水线阻塞信息。将路径消息分解为中断消息和分支消息，避免了分支消息中携带分支发生地址信息。通过设置路径 trace 的三种配置位（Enable_Bit、Force_Bit 和 Degrade_Bit）和 NOP_config 触发的上下文消息，可以在满足功能需要的前提下灵活地降低 trace 数据量。尚未发现其他方案有类似的路径 trace 配置位和非入侵的配置指令。采用 0.18 μm CMOS 工艺的标准单元库在 4 ns 时序约束下综合，LS Encoder 仅需要 2 651 μm^2，配置位的硬件开销很小，可基本忽略。

在以上研究中，CoreSight 和 PDtrace 记录流水线执行的每条指令，MPC565[10]（Nexus 1999）、Nexus 2003、Hopkins06 和 TraceDo 仅记录分支指令执行，因此集中对后四种方法进行了评估和比较。

通过分析可知，消息的编码格式对压缩效果影响很大，而编码的关键在于用尽量少的位数记录尽量多的分支数。因此定义了传输比来比较路径 trace 消息的记录效率：

$$传输比 = \frac{消息可记录分支数的上限}{消息长度} \tag{4.1}$$

式中，消息长度以位为单位。

各片上 trace 方案对不同分支类型的传输比如表 4.2 所示，均不包括消息来源 ID 号和时间戳的耗费。其中 B－M 表示位映射编码方式，L－C 表示游程编码方式，XOR 表示 XOR 编码方式，Diff 表示差分编码方式。

表 4.2　路径 trace 方法比较

片上 trace 方案		已知分支目的地址	不可知分支目的地址	说明
MPC565（Nexus 1999）	分支类型	BC, IBC_Y	BR, IBR_Y	以位为单位的变长消息格式 I_Max：I-CNT 的最大长度（8 位）A_Max：Address 字段的最大长度（23 位）仅记录成功的分支
	传输比	$\dfrac{1}{7\sim(6+\text{I\_Max})}$ （B－M）	$\dfrac{1}{8\sim(6+\text{I\_Max}+\text{A\_Max})}$ （XOR）	

片上 trace 方案		已知分支目的地址	不可知分支目的地址	说明
Nexus 2003 扩充的消息类型	分支类型	BC, IBC, IBR_N	BR, IBR_Y	Nexus 1999 扩充标准 HIST：IBH 消息记录的直接分支数的字段长度 B_CNT：RB 消息记录重复分支数目的字段长度
	传输比	$\dfrac{1(BR) + HIST(IBC)}{\lfloor(2+HIST)\sim(6+HIST+I\_Max+A\_Max)\rfloor}$ (B-M, XOR) $\dfrac{2^{B\_CNT}}{6+B\_CNT}$ (L-C)		
Hopkins06	分支类型	IBC, IBR_N	BR, IBR_Y	35 位定长消息（未包括 TID） 未提及中断处理方式
	传输比	$\dfrac{26}{35}$ (B-M)	$\dfrac{1}{\lfloor 19, 35 \rfloor}$ (Diff)	
TraceDo	分支类型	IBC, IBR_N	BR, IBR_Y	字节变长消息格式 独立设置中断消息
	传输比	$\dfrac{5}{8}$ (B-M) $\dfrac{21}{8}$ (L-C)	$\dfrac{1}{\lfloor 8, 16, 24, 32 \rfloor}$ (XOR)	

4.4　路径 trace 方案实验评估

路径 trace 是片上 trace 最重要也是最常用的功能，本章的改进和创新也多集中于路径 trace。因此本节对 MPC565、Nexus 2003、Hopkins06 和 TraceDo 的路径 trace 方案进行了具体的实验评估与比较。结果表明，长短串编码器、分支输出配置位和非入侵配置指令等方法的使用，能满足对调试信息的不同需求，有效压缩路径 trace 输出的数据量。本节还以 Stall 事件为例，给出了事件 trace 在采集精度和输出数据量之间灵活折中的实验结果。

4.4.1　路径 trace 实验环境

为了评估各路径 trace 方案的性能，为 MPC565[10]、Nexus 2003[8]、Hopkins06[2] 和 TraceDo 的路径 trace 方法分别建立了 Verilog-HDL（Verilong

Hardware Description Language）描述的行为级模型。各模型输出的路径 trace 消息通过 8 位宽的 Trace Port 传输至片外，并假设传输过程没有消息溢出。实验中采用了具有不同特征的 10 个测试程序，统计了它们的分支类型，如表 4.3 所示。

表 4.3　测试程序描述

测试程序	BC	IBC	IBC_Y	BR	IBR	IBR_Y	所有分支指令数	代码长度/Byte	运行时间/Cycle	描述
uC/OSII	67 092	5 204	2 559	46 299	10	0	118 605	31 784	13 740 198	实时操作系统
xOS	110 318	121 655	25 631	43 734	21 399	12 669	297 106	46 616	2 915 729	某实时微内核
Mpeg4E	20 779	750 646	717 182	24 840	1 508	21	797 773	48 720	16 535 759	MPEG - 4 编码，来自某视频产品
Mpeg4D	46 199	1 002 130	926 494	54 104	1 483	398	1 103 916	34 932	16 545 326	MPEG - 4 解码，来自某视频产品
JpegE	1 755	226 033	211 670	13 706	28	14	241 522	20 772	4 554 919	JPEG 编码，来自某视频产品
MP3D	258 986	1 110 431	56 185	259 729	56 185	22 391	1 685 331	56 940	21 205 218	MP3 解码应用，来自某音频产品
AdpcmD	4 184	46 106	37 760	32	5	5	50 327	6 328	971 304	自适应差分编码调制解码，来自 UTDSP[11]
Lpc	53 360	187 863	53 890	84 725	715	76	326 663	27 904	4 739 414	线性预测编码，来自 UTDSP
DSP kernel	23	3 844	3 714	46	11	7	3 924	12 100	88 289	FFT, DCT, FIR, IIR, VectorSum，来自定点算法库
float FFT	59 740	105 615	61 343	79 618	15	13	226 713	12 688	3 216 634	1 024 点浮点 FFT 算法

Nexus 2003 中 HIST 和 B – CNT 字段的最大长度分别配置为 31 位和 8 位；I-CNT字段的最大长度配置为 8 位，与 MPC565 相同。由于出现频率低，并且对各模型结果的贡献接近，实验中没有考虑同步消息。

Trace 信息的压缩效果用压缩比（Compression Ratio）来评估，定义如下：

$$压缩比 = \frac{压缩后的数据量}{原始数据量} \tag{4.2}$$

式中，压缩后的数据量为 Trace Port 输出的字节数，Nexus 方案中的无效填充位也计算在内；原始数据量为直接记录所有不连续路径转移的源地址和目标地址所需的字节数。在 32 位处理器的实验环境中，程序地址由 4 个字节表示，因此：

$$原始数据量 = (分支执行数 + 中断执行数) \times 8 \tag{4.3}$$

4.4.2　路径 trace 实验结果

各模型路径 trace 的压缩比如图 4.13 所示。相比其他模型中的最好结果 Nexus 2003，TraceDo 将压缩比平均提高了 18%。TraceDo 没有使用配置位或 NOP_config，性能提高来自长短串编码器。

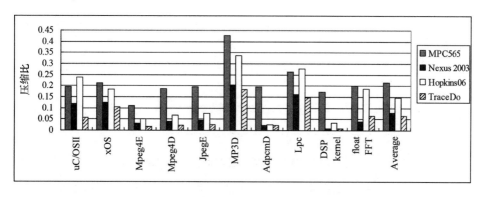

图 4.13　路径 trace 压缩比

在 MPC565 的路径 trace 方法中，所有的成功分支均用单独的消息输出。但 6 位固定长度的消息头和 I-CNT 字段的耗费过大，因此 MPC565 在有大量循环体的密集运算测试程序中（Mpeg4E、Mpeg4D、JpegE、AdpcmD 和 DSP kernel）与其他方案有较大差距。通过以 bit 位为单位的变长消息格式，以及综合运用位映射和游程编码，Nexus 2003 的压缩效率最高；但 6 位定长消息头、I-CNT 字段和输出端口填充的无效位在一定程度上抵消了这种优势。Hopkins06 采用固定的 38 位消息长度（包括 3 位 ID 号）简化了硬件结构设计，但降低了压缩比的优势。由于 8 位长度的长串消息最多可记录 21 个连续的条件分支结果，因此 TraceDo 在主要由规则循环体组成的 DSP kernel 程序中获得较好的压缩效果。MP3D、Lpc 和 float FFT 测试程序同样也是计算密集程序，但由于浮点计算频繁调用浮点函数库，产生了大量的间接分支消息，降低了压缩效果。

（1）使用降级输出位。为了进一步改善 TraceDo 路径 trace 消息的压缩性能，对测试程序中的部分间接分支使用了降级输出位。设置了降级输出位的间接分支被当作直接分支处理而不被输出，因此降级位的效果取决于选取降级的间接分支数量。实验中分别选取了执行频率最高的 4 条（Level 1）和 15 条（Level 2）间接分支指令，设置其降级输出位。间接分支消息数量的变化如图 4.14 所示，路径 trace 压缩比的改善如图 4.15 所示。仍同 Nexus 2003 进行比较，Leve 2 对压缩比最高有 76% 的改善（JpegE），平均有 61% 的改善。

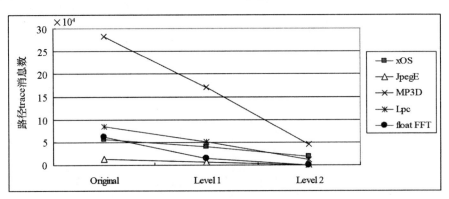

图 4.14　使用降级输出位时间接分支消息数

（2）使用强制输出位和 NOP_config 配置指令。在所有发生的分支中，降级输出位禁止输出部分冗余的分支，而强制输出位和 NOP_config 则指定仅输出部分关键的分支。因此在某些应用中，后者可使 trace 消息数量大幅度减少。例如调试者仅想分析程序中某个函数的执行时间时（如 JpegE 程序的 dct 函数），可关闭所有分支的输出使能，并将 dct 函数中第一条被执行的 NOP 指令替换为添加了标识码的 NOP_config 指令，在 dct 函数中最后一条被执行的 BR 指令（函数调用返回）中设置强制输出位。当 JpegE 运行到 dct 函数时，NOP_config 指令执行并发出标识消息，指示了 dct 函数的执行起点；BR 指令执行并

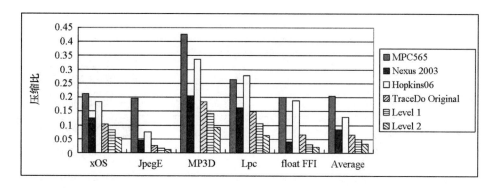

图 4.15   使用降级输出位时路径 trace 压缩比

发出间接分支消息，指示了 dct 函数的执行终点。实验结果显示，JpegE 测试程序的输出 trace 消息从原来的近万条减少到 360 条；函数执行时间的平均误差仅为 2.5%，并可通过静态测量 NOP_config 指令与函数真实起点的执行延迟，进一步提高精度。

（3）XOR 编码与差分编码。同 ETMv3 和 Nexus 的方法类似，TraceDo 对分支目的地址、访问数值和访问地址采用了相异部分传输的压缩方法（XOR 编码），Hopkins06 和 PDtrace 则采用了 32 位全加器实现的差分编码。XOR 编码采用 32 位异或门实现，综合后的面积仅为差分编码的 11.1%。但由于差分编码的符号位带来额外开销，XOR 编码与差分编码的压缩性能接近。表 4.3 中 10 个测试程序对路径 trace 的实验结果显示，按照 TraceDo 的间接分支消息格式，XOR 编码后的平均消息长度是 1.785 Byte，而差分编码的结果是 1.811 Byte；按照 Nexus 的间接分支消息格式压缩，差分编码将平均消息长度减少了 0.045 Byte。

4.4.3   事件 trace 实验结果

TraceDo 框架中的事件 trace 可在采集精度和输出数据量之间灵活折中，以 Stall 事件为例给出实验结果，如图 4.16 所示。实验中设置了不同的采样间隔，以 Mpeg4E、MP3D 和 JpegE 测试程序为例，记录了事件 trace 输出的 PStall 和 DStall 消息。由于输出的总数据量与测试程序的运行时间有关，不同测试程序输出的数据量有较大差异，因此以采样间隔为 256 CPU cycle 时的结果为基准将实验数据归一化处理。由图 4.16 可知，设置小的采样间隔，可获得更高的采样精度，但同时事件 trace 输出的数据量也增加。由于小采样间隔缩短了事件消息中计数器字段的长度，因此数据量的增加比例略小于采样间隔的减少比例。

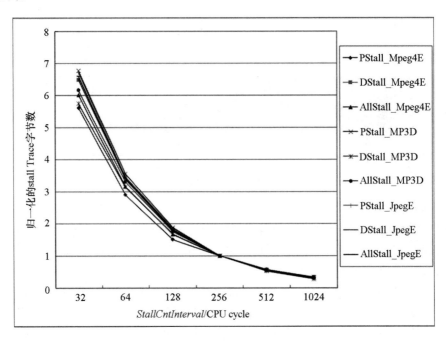

图 4.16　事件 trace 输出

4.5　本章小结

作为本书的研究基础，本章建立了片上 trace 调试框架 TraceDo，并从采集压缩层展开研究。

在 TraceDo 中设计了可在游程编码和位映射编码间灵活切换的长短串编码方式，有效地压缩了条件分支消息的数据量；设计了使能输出、强制输出和降级输出三类配置位，可灵活地控制各类分支的消息输出。以上两种方法有效提高了路径 trace 的压缩比和灵活性。除路径 trace 和数据 trace 外，TraceDo 还专门设置了低硬件开销的事件 trace。事件 trace 可记录流水线阻塞、Cache 失效和 DMA 操作等信息，并能在采集精度和带宽消耗之间灵活折中，可有效辅助性能优化。在原有 NOP 指令的基础上设计了独特的配置指令 NOP_config，可实现在程序运行中非入侵地配置 trace 功能。

实验评估的结果显示，长短串编码器、配置位和配置指令等一系列方法可以使 TraceDo 框架产生更好的性能结果。在路径 trace 压缩比方面，相比 Nexus 2003 方法有 18%～61% 的改善。以 Stall 事件为例的事件 trace 实验结果表明，通过设置不同的采样间隔，事件 trace 可在采集精度和输出数据量之间灵活折中。

参 考 文 献

[1] Embedded trace macrocell architecture specification[EB/OL]. [2020 - 04 - 25]. https://documentation-service. arm. com/static/5f90158b4966cd7c95fd 5b5e? token = .

[2] Hopkins A, McDonald-Maier K D. Debug support strategy for systems-on-chips with multiple processor cores[J]. IEEE Transactions on Computers, 2006, 55(2): 174 - 184.

[3] EJTAG trace control block specification [EB/OL]. [2020 - 04 - 25]. https://www. ymcn. org/4265663. html.

[4] PDtrace^{TM} interfacespecification[EB/OL]. [2020 - 04 - 25]. https://www. doc88. com/p - 2502492757701. html? r = 1.

[5] Kao C F, Lin C H, Huang I J. Configurable AMBA on-chip real-time signal tracer[C]//Proceedings of Design Automation Conference. IEEE, 2007.

[6] Kao C F, Huang I J, Lin C H. An embedded multi-resolution AMBA trace analyzer for microprocessor-based SoC integration [C]//Proceedings of the 44th annual Design Automation Conference, 2007: 477 - 482.

[7] Kao C F, Huang S M, Huang J. A hardware approach to real-time program trace compression for embedded processors[J]. IEEE Transactions on Circuits and Systems I: Regular Papers, 2007, 54(3): 530 - 543.

[8] Nexus 5001 Forum^{TM} Standard [EB/OL]. [2020 - 05 - 11]. https:// nexus5001. org/nexus-5001-forum-standard/.

[9] Huang S M, Huang J, Kao C F. Reconfigurable real-time address trace compressor for embedded microprocessors [C]//Proceedings of International Conference on Field-Programmable Technology. IEEE, 2003: 196 - 203.

[10] MPC565: 32 Bit Microcontroller[EB/OL]. [2020 - 05 - 11]. https://

www. nxp. com/products/processors-and-microcontrollers/legacy-mcu-mpus/ 5xx-controllers/32-bit-microcontroller：MPC565.

[11] UTDSP benchmark suite[EB/OL]. [2020 − 05 − 11]. http：//www. eecg. toronto. edu/~ corinna/DSP/infrastructure/UTDSP. html.

第 5 章   trace 片上传输结构

trace 片上传输结构用于将编码后的 trace 消息通过专用端口传输至片外，其关键问题是如何在有波动的 trace 数据流量下实现传输结构面积与消息溢出的合理折中。但当前对传输结构的研究[1-3]均未涉及如何选取数据通路的结构参数，已有的队列调度方法也存在可改进之处[4]。

本章针对片上 trace 实现模型的传输层展开研究。首先对 trace 消息数据的传输问题进行了分析，将其抽象为一个数据流的合成问题，设计目标是减少缓冲队列溢出并缩小硬件结构面积；然后分别就核内 trace 流的缓冲传输结构和核间 trace 流的合成调度算法两个关键问题展开研究。

由于存储器和数据通路消耗的面积较大，核内 trace 数据流的缓冲传输结构成为影响片上 trace 硬件资源消耗的关键问题。5.2 节首先分析归纳了现有的核内 trace 数据流传输结构方案，采用了一种参数化的 $K-N$ 缓冲传输结构，并建立了结构模型和面积模型；然后采用真实测试程序的 trace 数据流量进行模拟，通过遍历 $K-N$ 缓冲结构的参数取值，得到在给定溢出率约束和带宽约束的情况下，具有最小硬件实现面积的结构参数取值范围，可有效指导片上 trace 框架的具体结构设计。

各处理器核输出的 trace 数据流需汇合至单一 trace 端口传输，用于多核 trace 数据流合成的队列调度算法是影响数据传输效率的关键技术之一。5.3 节针对 trace 数据流合成的特点，提出一种基于服务请求门限和最小服务粒度双重约束的懒惰队列调度算法。该算法通过设置各队列的服务请求门限来控制队长分布，通过设置最小服务粒度和懒惰服务切换来减少队列切换开销。基于队长分布、队列切换次数、溢出率和基于溢出的缓冲利用率等多个指标，本书对算法在不同参数配置下的调度效果进行了评估与比较。实验结果表明，该算法能有效利用缓冲并减少队列溢出。

5.1 trace 流传输问题分析

在单处理器核或多处理器核环境中，片上 trace 技术使用不同的采集单元记录程序执行路径、数据读写和流水线阻塞等信息，并压缩编码成相应的 trace 消息。因此 trace 消息数据的产生具有并发性，流量具有一定的波动性。trace 片上传输结构将来自多采集单元的并发 trace 消息数据合并成单一的数据流，并平滑流量波动，提高端口带宽的利用率。由于 trace 端口工作频率和管脚数目的限制，trace 端口成为整个片上传输结构的带宽瓶颈。因此应该按照 trace 数据的流量特征和端口管脚的限制，设计片上传输结构的数据通路和缓冲容量，从而在满足溢出率要求的前提下尽量减少硬件面积代价。

由交叉开关和缓冲器组成的互联结构在网络设备和多核处理器中得到广泛应用。相比而言，本书研究的多级缓冲结构是一种实时单向传输结构，它具有以下特点：无阻塞传输机制，不能及时传输或缓存的数据即被丢弃（溢出）；力求百分之百利用带宽，尽量降低缓冲区溢出率；不过多考虑传输延迟；尽量减少面积开销。

如图 5.1 所示，将 trace 数据流传输抽象为一个合成问题：如何利用缓冲器和多路选择器构造数据通路，将有波动的数据流从多个输入通道传输至单输出通道，在减少数据溢出和硬件面积的双重目标下获得折中。在 trace 数据流传输问题中，输入流量和输出带宽是给定的环境参数，获得折中的溢出率和面积结果是设计目标，多输入到单输出的数据通路是设计对象，缓冲器容量、多路选择器结构及其连接方式是具体的设计内容。

（1）输入流量

各 trace 单元产生的连续 trace 消息是片上传输结构的输入数据流（简称 trace 流）。由前面章节对 trace 编码的讨论可知，trace 消息数据的流量（简称 trace 流量）与程序分支指令的执行有关。在单 DSP 核中运行 JpegE 测试程序，TraceDo 框架中各 trace 单元输出的典型流量如图 5.2 所示，流量统计间隔为 4 000 CPU cycle。由图 5.2 可知，路径 trace 和事件 trace 的平均流量较小，仅为 0.01 ~ 0.2 Byte/（CPU cycle），数据 trace 产生的平均流量高达 1 ~ 5 Byte/（CPU cycle）。并且 trace 流量的波动性较大，具有一定的周期性，因此可以通过设置片内缓冲来平滑不均匀的 trace 数据流，以减少对输出带宽的要求。

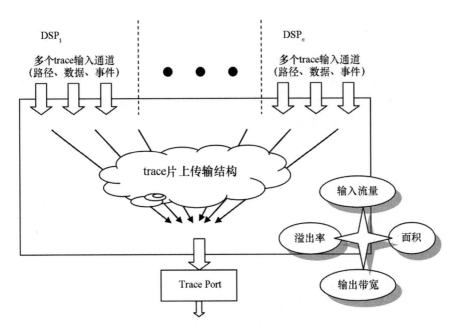

图 5.1　Trace **数据流的传输问题**

（2）输出带宽

为减少对芯片管脚资源的占用，片上 trace 系统一般只设一个输出端口，数据宽度多为 1～16 bit，可靠传输的接口时钟频率一般是 80～200 MHz[5]。相比片内可轻易实现 16～64 bit 的数据总线和 200～300 MHz 工作频率的情况，Trace Port 成为整个片上 trace 系统的带宽瓶颈。根据研究平台的实际情况，本章研究中设置 Trace Port 的可靠工作频率为 100 MHz，数据宽度的研究范围是 1～16 bit，CPU 内核工作频率为 250 MHz，由此得到 Trace Port 通信带宽为 0.05～0.8 Byte/（CPU cycle）。对照 JpegE 程序输出的 trace 流量，Trace Port 通信带宽基本可以满足数个核同时进行路径 trace 和事件 trace 的需要，但对于数据 trace，则要有选择地输出。

定义带宽利用率（Bandwidth Utilization）来度量数据流量与端口通信带宽的关系：

$$带宽利用率 = \frac{数据平均流量}{总输出带宽} \tag{5.1}$$

式中，数据平均流量为单位时间内产生的数据总量。由于端口工作频率低于内核工作频率，总输出带宽应折算为以 CPU cycle 为单位。带宽利用率大于 1 时表示产生的数据量过大，输出端口必然无法全部传输。

（3）溢出率要求

缓冲器满时到达的数据只能被丢弃，即发生队列溢出。Trace 数据溢出会造成复现运行信息的困难，降低调试功效。关键信息的缺失还可能导致分析和调试工作无法开展。因此要在面积代价允许的情况下尽量降低溢出率。本书将溢出率（Overflow Rate，OFR）定义为：

$$\text{溢出率} = \frac{\text{被丢弃的数据量}}{\text{到达的数据总量}} \tag{5.2}$$

（4）面积约束

片上 trace 调试作为处理器调试系统的一部分，可加速软硬件开发过程，但如果硬件开销占芯片总面积的比例过大（例如超过 5%）也是难以被采纳的。因此应根据应用需求设计合理的传输结构参数，以减小面积耗费。

（5）输入通道数

假设一个处理器共四个 DSP 核，每核设有三种 trace 类型，则总输入通道数为 12。即使将来可能为某些专用功能部件增加 trace 功能，输入通道数也不会大幅增加。本书研究的 trace 数据流传输结构的方法和结论，对其他多核平台仍具有一定的适用性。而在众核环境下（如 $N = 64$ 核），片上 trace 采集的数据量随核数增加，带宽瓶颈问题异常突出。众核下的非入侵调试将作为后续研究内容。

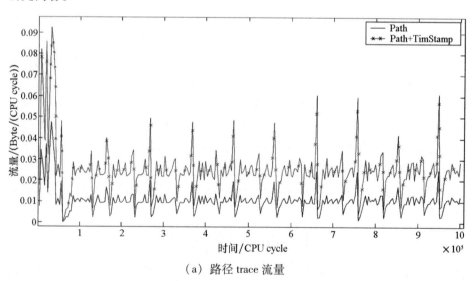

（a）路径 trace 流量

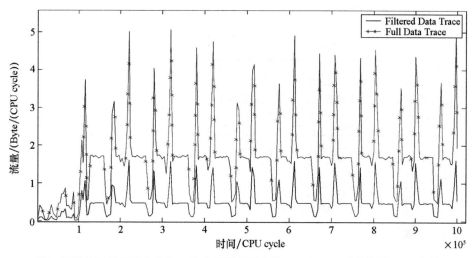

（b）过滤的数据消息为 2 Byte 和全值数据消息为 3 ~ 10 Byte 时的数据 trace 流量

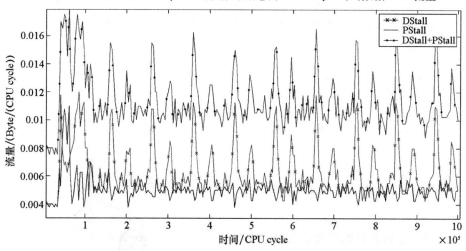

（c）StallCntInterval 设为 256 CPU cycles 时的事件 trace 流量

图 5.2　JpegE 测试程序的 trace 流量

出于模块化设计的考虑，设计了层次化的 trace 片上传输结构，如图 5.3 所示。这种层次化的设计结构可扩展性好，可减少片内互联长线并降低功耗。各 Trace Module 内部的 trace 流传输结构由单元缓冲器（Unit FIFO）、数据通路（Data Path）、单元仲裁器和主缓冲器（Main FIFO）组成，其结构设计在 5.2 节进行了研究。核间传输结构采用总线方式，结构上的设计空间较小，而调度算法成为影响传输性能的主要因素，5.3 节对此展开了研究。

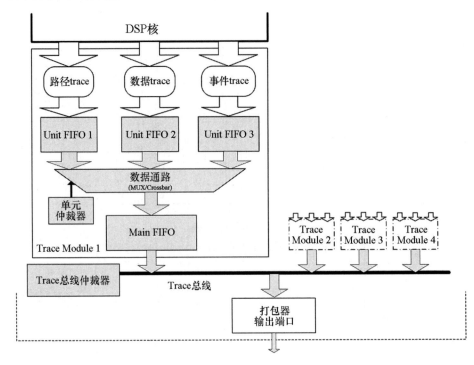

图 5.3　层次化的 trace 片上传输结构

5.2　核内 trace 流的两级缓冲传输结构

由于存储器和数据通路消耗的面积较大，核内 trace 流的缓冲传输结构成为影响片上 trace 硬件资源消耗的关键。本节首先分析归纳了现有的核内传输结构，设计了一种参数化的 $K-N$ 缓冲传输结构；然后建立了 $K-N$ 缓冲结构模型并对模型的各部分进行面积建模；最后采用真实测试程序的 trace 流量进行模拟，遍历 $K-N$ 缓冲结构的参数取值，得到在给定溢出率约束和带宽约束的情况下具有最小硬件实现面积的结构参数取值范围。

5.2.1　核内 trace 流传输的实现结构

在已知的片上 trace 方案中，核内 trace 流传输结构可以归纳为两类，如图 5.4 所示。其中 $K-K$ 缓冲结构不会对采集单元的输出数据造成阻塞，并节省了单元缓冲，但需要面积耗费很大的全交叉结构的交叉开关（Crossbar），导致可扩展性差。另外，由于 Trace Port 是系统瓶颈，是否需要在采集单元与主缓冲之间提供如此之高的带宽？可否利用小容量的单元缓冲来解决消息数据同时到达的问题？因此本书将交叉开关的结构参数化，得到一种更具一般性的 $K-N$ 缓冲结构。

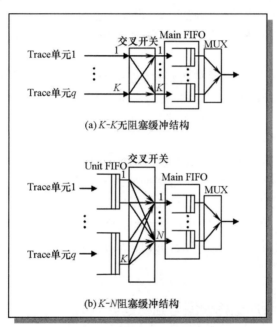

图 5.4　核内 trace 流传输的两类实现结构

图 5.4（a）表示所有采集单元的输出经过交叉开关可无阻塞地同时写入主缓冲，因此无须单元缓冲。主缓冲在逻辑上等效为一个 FIFO 存储器，采用多个物理存储体实现，因此有多个输入端口，并需要一个多路选择器（MUX）将多个输出端口合并。主缓冲的输入端口数 N 应等于采集单元的输出数 K，因此简称为 $K-K$ 缓冲结构。Hopkins06 方案的 trace 合并单元（Trace Merge）采用此结构实现，其主缓冲由四个 40 bit 宽的双口 RAM 实现。它可同时接收来

自四个采集单元的 trace 消息，每条 trace 消息的长度都固定为 38 bit。ETM3 的主缓冲由移位寄存器实现，每拍可同时输入 1～18 Byte 并输出 4 个字节，也可等效为此类结构[2]。

图 5.4（b）表示每个采集单元都含有单元缓冲，各单元缓冲的输出经交叉开关进入主缓冲。交叉开关的输入端口数与单元缓冲的输出数 K 相同，输出端口数与主缓冲的输入端口数 N 相同，且 $1 \leqslant N \leqslant K$。因此称该结构为 $K-N$ 两级缓冲传输结构，简称 $K-N$ 缓冲结构。当 $N=K$ 时得到 $K-K$ 缓冲结构，此时所有 trace 消息可无阻塞地写入主缓冲因而无须单元缓冲，因而此种两级缓冲结构更具有一般性。MPC565 采用了有单元缓冲的阻塞传输结构，但其文档中但没有给出更多的结构设计细节[3]。

概括来说，$K-N$ 缓冲结构的基本设计思想如下：

（1）尽可能使用一个大的 Main FIFO 来缓存采集单元的输出消息，以充分利用缓冲容量；

（2）各单元消息经常是依次到达的，因此应使用小 N 值的交叉开关将消息依次送入 Main FIFO，以节约开关的面积开销；

（3）为避免各单元消息偶尔同时到达引起的溢出，应使用 Unit FIFO 缓存各单元消息。

在 $K-N$ 缓冲结构中，N 增大会引起数据通路（主要是交叉开关）面积增加，但同时由于单元缓冲的输出带宽增加，单元缓冲容量可适当减小；反之当 N 减小时，数据通路面积减小，单元缓冲容量应适当增加。同时，N 的变化还可能引起主缓冲的容量需求变化。因此在给定的 trace 流量和溢出率约束下，如何确定 N 值使得 $K-N$ 缓冲结构的面积最小，就成为一个影响硬件资源消耗的关键问题。

5.2.2　$K-N$ 缓冲结构模型与面积建模

建立 $K-N$ 缓冲结构的实现模型，该模型由 Unit FIFO、Main FIFO、交叉开关和 MUX 四部分组成，如图 5.5 所示。Unit FIFO 和 Main FIFO 均由 EDA 工具生成。每个 Unit FIFO 的深度为 UFL（UF Length），宽度（UF Width，UFW）由该类型 trace 消息的最大长度决定。为了简化 Unit FIFO 的结构，每行仅存放一条完整的 trace 消息。尽管当消息长度小于最大长度时这种方式会造成一定的浪费，但 Unit FIFO 深度较小因此该面积损失可以容忍。Main FIFO 由 N 个体（Bank）组成，所有 Bank 具有相同深度且宽度均为 1 Byte。Unit FIFO 与

Main 之间的交叉开关采用全定制实现，交叉开关的每个通道带宽为 1 Byte，结构为 $K \times N$（K Byte 输入，N Byte 输出），K 为所有 Unit FIFO 的宽度之和，N 为 Main FIFO 的 Bank 个数。Main FIFO 到 trace 总线间的 MUX 由电子设计自动化（Electronic Design Automatic，EDA）工具综合实现。Trace 总线宽度为 16 bit。

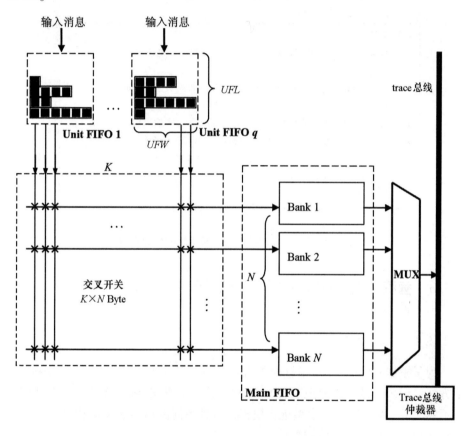

图 5.5　$K-N$ 缓冲结构的实现模型

$K-N$ 缓冲结构的符号定义和面积模型如图 5.6 所示。由于交叉开关为全定制实现，为了按综合面积统一进行比较，按 80% 的面积利用率（面积利用率 = 综合面积/布局布线面积）将其折算为综合面积结果。其他部件的面积由 EDA 工具在 0.18 μm 工艺下综合得到。

参数：

    UFL_i：Unit FIFO i 的深度

    UFW_i：Unit FIFO i 的宽度

    K：交叉开关输入端口数，$K = \sum UFW_i$

    N：交叉开关输出端口数，与 MainFIFO 的 Bank 数相同

    MFC：Main FIFO 容量

面积模型：

    Area_UF$_i$(UFL_i, UFW_i)：第 i 个 UnitFIFO 的面积，是该 UnitFIFO 深度和宽度的函数

    Area_MF(MFC, N)：MainFIFO 面积，是 Bank 数 N 和 FIFO 总容量 MFC 的函数

    Area_CB(K, N)：交叉开关面积，是输入端口数 K 和输出端口数 N 的函数

    Area_MUX(N)：MUX 的面积，是 Main FIFO 的 Bank 数 N 的函数

    Area_all(UFL_i, UFW_i, N, K, MFC)：K-N 缓冲结构总面积

    Area_all = $\sum$ Area_UF$_i$(UFL_i, UFW_i) + Area_CB(K, N) + Area_MF(MFC) + Area_MUX(N)

图 5.6　K – N 缓冲结构的符号定义和面积模型

5.2.3　面积 – 溢出折中的结构参数选择

5.2.3.1　实验方法与环境

为了根据实际的 trace 流量设置合适的 K – N 缓冲结构参数，本书采用如下方法：记录测试程序模拟时各 trace 单元输出的真实 trace 流量，送入结构参数不同的 K – N 缓冲结构模型进行模拟，得到不同的溢出率和面积结果后，再选择面积 – 溢出折中的结构参数。

为了加快模拟速度并方便对结果的统计分析，使用 MATLAB 工具建立 K – N 缓冲结构的模拟模型。在 DSP 核的 RTL 模型中运行测试程序，记录各 trace 单元输出的流量数据（以下称 Trace 文件），作为 MATLAB 模拟模型的输入。

5.2.3.2　参数设置与实验步骤

模拟实验从表 5.3 中选取了八个测试程序，执行周期数较少的 AdpcmD 和 DSP kernel 没有参与本节的实验。输入队列 1 ~ q 的调度方式为优先级依次降

低的轮询方式，以保证首先传输重要的路径 trace 消息。

针对片上 trace 应用中的不同实际情况，实验中设置了大流量（IT_Max）和典型流量（IT_Typical）两类输入 trace 流量，如表5.1所示。因未过滤的数据 trace 产生的数据量过大将造成严重溢出，在大流量设置中仅使用了过滤的数据 trace 消息。

Trace Port 的数据宽度一般为 1～16 bit，从中选取了6种进行实验。由于本节针对单核内的 trace 流传输结构进行，但实际情况中其他核的 trace 消息数据也可能经过 Trace Port 同时传输，实验按照单核 trace 流量可占用 Trace Port 的1/4带宽、1/2带宽和全部带宽三种情况进行实验，以便更完整地反映传输结构的真实工作环境。去除相同的设置，共实验了十种不同的输出带宽，如表5.2 中粗斜体所示。

Unit FIFO 或 Main FIFO 缓冲器满时到达的数据将被丢弃，即发生队列溢出。要求绝对无溢出的应用意义有限，并且硬件代价可能过于高昂。因此本节实验中定义了三种溢出率门限，以考察在不同溢出率约束下具有最小面积的 $K-N$ 缓冲结构参数，如表5.3 所示。

表5.1 输入 trace 流量设置

Unit FIFO		UFL_1	UFL_2	UFL_3
输入流量	大流量	Path trace + timestamp	Data trace (filtered)	Stall trace
	典型流量	Path trace		Stall trace

表5.2 Trace Port 输出带宽设置

端口宽度/bit		1	2	4	8	12	16
输出带宽/ （Byte/（CPU cycle））	1/4 带宽	*0.0125*	*0.025*	*0.05*	*0.1*	*0.15*	*0.2*
	1/2 带宽	0.025	0.05	0.1	0.2	*0.3*	*0.4*
	全部带宽	0.05	0.1	0.2	0.4	*0.6*	*0.8*

注：Trace Port 工作在 100 MHz，CPU 核工作在 250 MHz。

表5.3 溢出率约束设置

参数设置	OFR010	OFR001	OFR000
溢出率	≤0.01	≤0.001	=0

上一节讨论了 $K-N$ 缓冲结构的基本设计思想，因此实验中设置 UFL_i 和 N 的参数范围较小，MFC 的参数范围较大。实验结果也表明，更大的参数实验范围对结果已无显著影响。根据前面章节对 TraceDo 硬件结构的描述，路径、数据和事件三类 Unit FIFO 的宽度分别设为各类消息的最大长度加上时间戳占用的 2 Byte。

$K-N$ 缓冲结构的具体参数设置如图 5.7 所示。

> IT_Max (Byte): $q=3$，$UFW_1=8$，$UFW_2=12$，$UFW_3=5$
> IT_Typical (Byte): $q=2$，$UFW_1=8$，$UFW_2=0$，$UFW_3=5$
> $UFL_i \in \{2, 3, 4, 5\}$
> $N \in \{1, 2, 3, 4\}$
> $MFC \in \{16, 32, 48, 64, 96, 128, 160, 192, 256\}$，(Byte)

图 5.7 $K-N$ 缓冲结构的参数设置

5.2.3.3 实验结果及分析

以 JpegE 程序的 IT_Max 输入流量为例，在不同的输出带宽下，遍历 UFL_i、N 和 MFC 的参数取值对 $K-N$ 缓冲结构进行模拟实验。实验得到的溢出率结果与对应结构面积的关系如图 5.8 所示。由此可见受输出带宽的影响，面积和溢出率变化范围都较大。

在表 5.3 所列溢出率的约束下，选取所有 $K-N$ 缓冲结构中具有最小面积的结构参数值作为最佳结构参数。各测试程序在不同输出带宽情况下的最佳结构参数如图 5.9 所示。从图 5.9 中容易得到满足要求的 $K-N$ 缓冲结构参数范围，以供硬件结构设计参考。例如对本实验中的 TraceDo 框架，考虑给实际应用留有一定裕量，当 Trace Port 宽度为 $4\sim8$ bit 时，MFC 参数可取 $48\sim64$ Byte，N 可取 $2\sim3$，视优先级而异 UFL 可取 $2\sim4$ 单位量个。

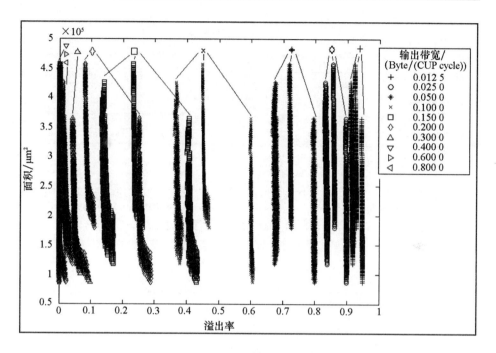

图 5.8　$K-N$ 缓冲结构的面积与溢出率关系

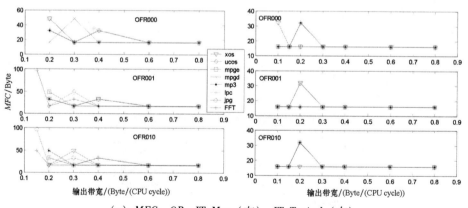

（a）$MFC-OB$，IT_Max（左），IT_Typical（右）

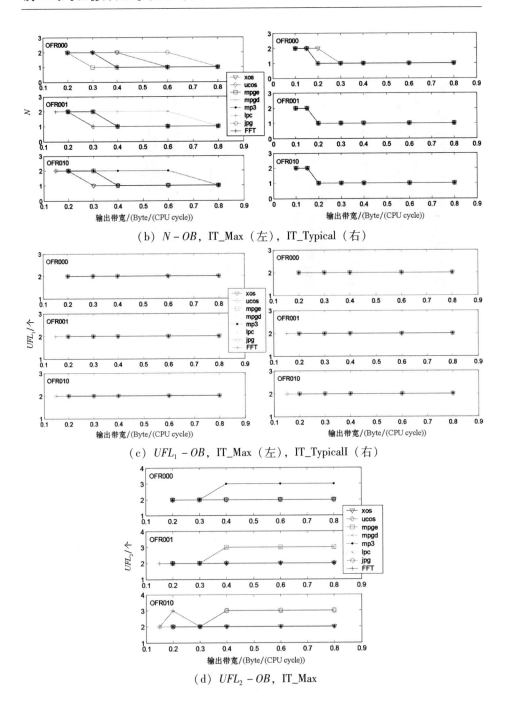

（b）$N - OB$，IT_Max（左），IT_Typical（右）

（c）$UFL_1 - OB$，IT_Max（左），IT_TypicalI（右）

（d）$UFL_2 - OB$，IT_Max

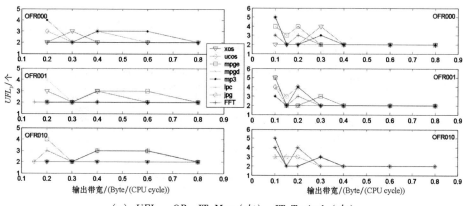

（e）$UFL_3 - OB$，IT_Max（左），IT_Typical（右）

图 5.9　不同输出带宽下的最佳 $K - N$ 缓冲结构参数

　　每一种输出带宽都对应一种满足溢出约束的具有最小面积的 $K - N$ 缓冲结构。输出带宽与结构面积的关系如图 5.10 所示，设计者可以在管脚资源与面积资源之间进行设计折中。

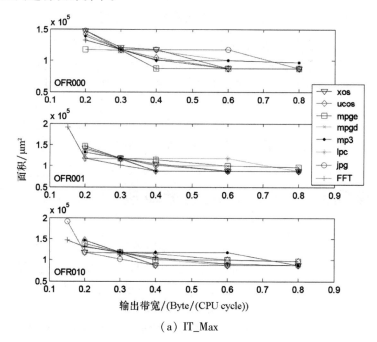

（a）IT_Max

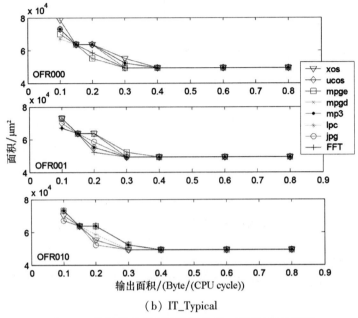

（b）IT_Typical

图 5.10　不同输出带宽下的最佳 $K - N$ 缓冲结构面积

通过本节给出的结构参数估算方法，容易在给定 trace 流量、溢出率约束和带宽约束的情况下，得到 $K - N$ 缓冲结构中 *MFC*、*N*、*UFL* 参数的取值范围，可有效指导 TraceDo 框架的详细结构设计。该参数估算方法采用真实流量模拟并遍历结构参数，具有较高的准确性和一定的通用性，但对更大范围的结构参数进行实验时模拟计算量过大。因此将来的工作是研究保证精度的快速模型方法，仅对部分结构参数模拟即可获得较为准确的结果。

5.3　核间 trace 流的合成调度算法

用于多核 trace 流合成的队列调度算法是影响片上 trace 系统性能的关键技术之一。本节针对 trace 流合成的特点，提出一种基于服务请求门限和最小服务粒度双重约束的懒惰队列调度算法。该算法通过设置各队列的服务请求门限控制队长分布，还通过设置最小服务粒度和懒惰服务切换减少队列切换开销。本节利用队长分布、队列切换次数、溢出率和基于溢出的缓冲利用率等多个指标，对算法在不同参数配置下的调度效果进行了实验评估和比较。实验结果表明，该算法能有效利用缓冲减少队列溢出。

5.3.1　trace 流合成的分析与相关研究

为减少对芯片管脚资源的占用，片上 trace 系统一般只设一个输出端口，数据宽度多为 4～16 bit。输出端口成为片上 trace 系统的带宽瓶颈，需要设置片内缓冲来平滑不均匀的 trace 数据流。存在多个 trace 数据流来源时（如多核 trace），则需要有效的算法处理 trace 数据从多个缓冲队列到单个输出端口的调度问题。如图 5.3 所示，每个 DSP 核产生的 trace 数据先缓存在其 Trace Module 内的 Main FIFO 中，trace 总线仲裁器控制各 Main FIFO 中的数据写入输出端口。面向多核 trace 流合成的队列调度具有如下特点：

（1）溢出率优先。trace 系统非入侵地实时记录处理器运行信息，缓冲溢出时不得不丢弃数据，使得溢出率成为最重要的性能指标。由于成本和功耗限制，片内 trace 缓冲器的容量一般为几十个字节，传输粒度为几个字节，因此在 trace 系统的功能要求下可以不考虑有限的缓冲延迟。

（2）可配置优先级。由于丢失数据代价有差异、缓冲容量不同和流量特性不同等原因，各 trace 数据流可能需要不同的服务优先级。缓冲容量在硬件设计阶段确定。根据对未来应用模式的预测，设计缓冲容量时应考虑丢失数据代价和自身流量特性的影响。trace 流量特性在应用软件开发阶段可确定，丢失数据代价在程序运行前也可确定，因此使用者可通过配置优先级调整以上三方面原因对缓冲性能的影响。

（3）存在队列切换开销。为了能在多个 trace 数据流合并之后辨别其来源，需要在服务队列切换时添加该 trace 流的 ID 号。该 ID 号占用传输 trace 数据的有效带宽，并且会增加片外后续传输和存储的开销。降低 ID 号带宽开销的有效方法是减少队列切换次数，增加每个缓冲队列服务时间。但增加某队列的服务时间会延长其他队列的等待时间，使缓冲区溢出的风险增加。

（4）严格的面积约束和时间约束。调度算法完全由硬件实现，对面积实现代价和计算时间有严格限制，因此要求算法必须简单高效。

根据以上对 trace 数据流合成问题的描述，抽象出本节要解决的 trace 调度问题：在一个如图 5.11 所示的多队列单通道的服务系统中，设计实现代价合理的调度算法，能够有效利用有限数据缓冲减少队列溢出，灵活设定各队列的服务优先级，以降低溢出率为目标有效折中"队列切换次数"与"缓冲区溢出风险"。

支持多核或多流水线的片上 trace 系统都面临类似的 trace 调度问题：如何

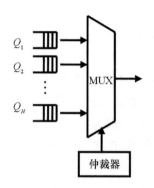

图 5.11　Trace 数据流合成结构

有效地将多个缓冲器中的数据合成至一个端口传输。ARC 处理器核没有介绍其片上 trace 实现结构[6]；PDtrace 方案没有给出调度方法，并且从编程模型中可知其方法没有可配置的部分[7-8]；Nexus 协议不涉及硬件结构实现，也没有规定调度方法[9]。Hopkins06 的方法是将多核 trace 数据流无阻塞地同时写入下一级缓冲而无须调度，但要求下一级缓冲器的写端口数与输入队列数相同，使合成结构复杂且扩展性较差。

　　CoreSight 的 Trace Funnel 模块完成多来源 trace 数据流合成的调度控制[4]（以下简称该调度方法为 Funnel 算法）。它允许用户为每个队列设置互不相同的优先级和各队列共同的最小服务粒度（Hold Time Cycle，HTC）。它实行非抢占式穷尽优先服务，每次服务至少 HTC 个数据，服务 HTC 后如果更高优先级队列不空则切换，否则继续服务本队列直至空。HTC 的设置以 4 字节为单位。缓冲数据不满 4 字节时即当作空。Funnel 算法通过队列优先级保证高优先级的队列先被穷尽服务，通过设置 HTC 保证服务队列的切换不会过于频繁，从而减少切换开销。这种调度方式的硬件开销小，但穷尽优先服务方式常常导致各高优先级队列的缓冲空间尚未充分利用而最低优先级队列溢出严重。这种不足在实验中得到证实。

　　trace 调度过程可抽象为轮询模型，限定式、门限式和穷尽式是轮询调度的三种基本服务方式[10]。目前对轮询模型的研究多具有通信应用背景，研究侧重于系统传输延迟和平均轮询周期等时间指标[11]，而 trace 调度问题具有无须考虑传输延迟和溢出率优先等特点，因此需要研究有针对性的调度方法。LBF 算法优先服务归一化缓冲区长度（队长与缓冲容量之比）最大的缓冲队列[12]，但归一化需要除法操作使其实现复杂，并且缓冲区长度间的相互比较使得扩展性差。LBF 算法的服务队列没有优先级差别，也未考虑减少队列切换次数。Lagkas 等提出依照不同概率对各优先级队列提供服务[13]，但产生随机数及相关运算的硬件代价过高，片上 trace 系统难以接受。Lackman 的方法与本书最为接近[14]，该方法令实时应用队列优先得到服务，当非实时应用队列超过队长门限时才得到服务。但该方法未考虑队列切换代价，也没有为每个队列设置队长门限。

5.3.2　Trace 流的合成调度算法

5.3.2.1　算法设计

所用参数定义如下。调度系统中有 N 个队列 Q_i，以处理器时钟周期为时间单位。t 时刻 Q_i 得到服务称系统处于 Q_i 服务态（S_Q_i）。队列 Q_i 的缓冲容量为 L_i，t 时刻队长为 $b_i(t)$，归一化队长为 $a_i(t) = b_i(t)/L_i$。t 时刻 Q_i 的缓冲能力反映了对将来未知流量数据的接收能力，定义 $L_i - b_i(t)$ 为绝对缓冲能力，$1 - a_i(t)$ 为相对缓冲能力。缓冲能力为零后到达的数据被丢弃，溢出率的定义同5.1 节一致。若 t 时刻有任一队列发生溢出，称 t 为溢出时刻。

在 trace 调度中，设置优先级是在数据丢失代价、缓冲容量和输入流量的突发特性已经确定的情况下，调整各队列的队长分布，最终控制溢出的手段。为了向不同优先级的队列提供合理的溢出控制，调度算法应该基于以下两项经验原则：

（1）充分缓冲原则：某队列发生溢出时，其相同优先级队列和低优先级队列的缓冲能力应被充分利用。当均充分利用缓冲能力时（缓冲能力均为零）发生的溢出是不可避免的溢出。

（2）保留缓冲原则：某队列发生溢出时，比其优先级更高的队列缓冲能力应该有所保留。保留的缓冲能力量化了优先级设置的效果。

一般情况下，缓冲溢出在队列状态中只占较小的比例，因此平均队长不能集中反映带宽不足时段的缓冲空间利用情况。研究人员提出基于两项缓冲原则的调度算法性能指标，称为基于溢出的缓冲利用率（Overflow Buffer Utilization，OFBU）：

（1）溢出时队列 i 缓冲利用率（$OFBU\_Q_i$）：所有溢出时刻 a_i 的平均值 $\bar{a}_i$。该指标反映了优先级设置的实际效果，该指标越小队列实际优先级越高。

（2）溢出时总缓冲利用率（$OFBU\_All$）：所有 $OFBU\_Q_i$ 的平均值。该指标反映了调度算法对总缓冲容量的利用能力。

虽然 $OFBU\_Q_i$ 指标受到缓冲容量和输入流量的影响，但并不影响在相同设置下比较各调度算法设置优先级的有效性。

为实现"降低缓冲区溢出风险"与"减少队列切换次数"的有效折中，将调度算法的决策因素分解为相互制约的两类因子：为尽可能降低溢出风险，某队列应该获得服务的决策倾向称为该队列的切换因子（包括本队列获得继续服务，因子数量为队列数 N）；仅为减少队列切换次数，本队列应继续得到服务的决策倾向称为滞留因子。切换因子和滞留因子的共同作用决定了调度结果。

Funnel 算法中缓冲空间未得到充分利用的原因是高优先级队列拥有过强的切换因子，而且该因子不可更改。为弥补这一不足，依照两项缓冲原则保留缓冲能力，可为每个队列设置独立的服务请求门限（Serve Require Threshold，SRH），以量化切换因子。SRH 是某队列请求服务时的队列长度，理想情况下 $L-SRH$ 接近相对缓冲能力。

切换因子也可由 LBF 算法实现[13]。LBF 优先服务具有最大 a_i 的缓冲队列，能公平调度处于同一优先级的队列。当队列优先级不同时容易扩展为 LBF-w 算法：为每个队列增加权值 Q_{w_i}，选择具有最大 $a_i \times Q_{w_i}$ 的队列优先服务。不足之处是该算法在硬件设计实现方面耗费较大。尽管通过降低精度能够避免除法完成归一化计算，但计算最大队长仍需要 $\log_2 N$ 级比较器和多路选择器实现，导致关键路径延时也随 $\log_2 N$ 增加，使算法可扩展性较差。

滞留因子可按照三种基本轮询服务方式实现。设计增强的穷尽式轮询服务，队列长度降低到服务终止门限（Serve Stop Threshold，SST）以下即允许切换服务而无须队列为空。SST 表示允许停止服务该队列时的队列长度。受服务过程中到达的数据影响，服务粒度范围是 $[SRH-SST, +\infty)$。但各队列的优先级不同时，这种调度方法可能会导致低优先级队列始终被服务而高优先级队列溢出。实验中也发现了这种情况，而且各种 SRH 和 SST 的配置都无法有效解决该问题。采用增强门限式服务可避免此类问题。由于本次服务不包括服务期间到达的数据，服务粒度范围缩减为 $[SRH-SST, L]$。但相比使用固定服务粒度参数的限定式服务（如 Funnel 算法），增强门限式服务的参数过多，硬件耗费增加，而同懒惰切换配合使用两者效果接近。懒惰切换的调度策略为：如无必要则不切换，服务该队列直至队列为空。

依照以上分析，提出"基于服务请求门限和最小服务粒度双重约束的懒惰队列调度算法"（下文简称 TraceDo 算法）。如图 5.12 所示，为每个缓冲队列设置 SRH。队长 $b > SRH$ 时称该队列处于请求服务的紧急态（SRH_State），$SRH \geq b > 0$ 时称为积累态（Accu_State），$b=0$ 时称为空态（Null_State）。采用懒惰切换的调度策略：服务某个队列直到有其他队列进入紧急态时才切换，

但至少完成 *HTC*。当某队列被服务但尚未完成 *HTC* 时称为原子服务态（HTC_State），而完成 *HTC* 后被继续服务时称为懒惰服务态（Lazy_State）。为每个队列设置互不相同的优先级，称为顺序优先级。当有多个队列处于紧急态时按顺序优先级选择下一个服务队列；当被服务的队列进入空态而无其他队列处于紧急态时，也按顺序优先级调度。以上五种状态构成一个队列的全部状态，其状态关系如图 5.13 所示，详细算法如图 5.14 所示。

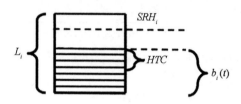

图 5.12　队列 Q_i 的逻辑结构

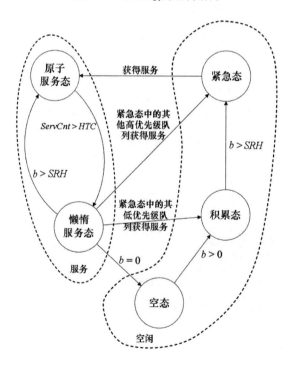

图 5.13　TraceDo 调度算法队列状态图

符号：
　　前次服务队列号：*LastQueue*，*LQ*
　　本次服务队列号：*ServeQueue*，*SQ*
　　原子服务态标示：*Flag_InHTC*
　　$L_i \geq SRH_i$，HTC_i，$b_i \geq 0$
　　$SRHQueueSet = \{Q_i| \ b_i \geq SRH_i, i = 1,,,N\}$
　　$ZeroQueueSet = \{Q_i| \ b_i \geq 0, i = 1,,,N\}$
输入：b_i, HTC_i, SRH_i
输出：*SQ*

```
(1)   QueueSchedule_MultiCoreTrace(bi, HTCi, SRHi)
(2)   {
(3)   If  Flag_InHTC = True Then{
        /*处于原子服务态*/
(4)       SQ = LQ
(5)       If  ServCnt ≥ HTCSQ Then{
(6)       Flag_InHTC = False }
(7)       If  bSQ = 0 Then{
(8)       Flag_InHTC = False
            /*空态处理*/
(9)         If  SRHQueueSet ≠ Φ Then{
(10)          SQ = HighestPriorityQueue in SRHQueueSet
(11)          Flag_InHTC = True
(12)          ServCnt = 0 }
            /*检查紧急态队列*/
(13)        Elseif  ZeroQueueSet ≠ Φ Then{
(14)          SQ = HighestPriorityQueue in ZeroQueueSet }
            /*按顺序优先级调度*/
(15)        Else   SQ = HighestPriorityQueue }
(16)  }
(17)  Else {
          /*非原子服务态*/
(18)      If  SRHQueueSet ≠ Φ Then{
(19)        SQ = HighestPriorityQueue in SRHQueueSet
(20)        Flag_InHTC = True
(21)        ServCnt = 0 }
          Else  SQ = LQ
(22)      /*维持懒惰服务态*/
(23)      If  bSQ = 0 Then{
(24)        If  ZeroQueueSet ≠ Φ Then{
(25)          SQ = HighestPriorityQueue in ZeroQueueSet }
(26)        Else  SQ = HighestPriorityQueue }
(27)  }
(28)  If  Flag_InHTC = True   Then   ServCnt = ServCnt +1
(29)  LQ = SQ
(30)  Return SQ
(31)  }
```

图 5.14　TraceDo 调度算法

设置队列的 HTC，可控制有多个队列的长度接近 SRH 时不致过于频繁地切换队列。懒惰切换使得在其他队列有富余缓冲能力时允许灵活延长本队列的服务，进一步降低了队列切换开销，而增加的缓冲溢出风险是 SRH 控制的。SRH 充当了实际的优先级设置，它规定了队长超过一定门限时应优先得到服务。有两类队列可考虑设为较低的 SRH：一是队列溢出损失大的队列；二是数据流量波动大或缓冲区较小而更容易溢出的队列。当所有 SRH 都设为 0 时，TraceDo 算法即等效于 Funnel 算法。

由于顺序优先级的存在，实际上各队列无优先级差别时也要人为设置优先级，这一点上 TraceDo 算法与 Funnel 算法类似。实验结果也显示，当各队列的缓冲能力都用尽时，溢出会向最低优先级的队列集中。这种现象可以通过在同优先级队列之间实现更为公平的循环优先级或随机选择优先来解决；但为了满足各种潜在的复杂优先级关系，需要较大的面积代价。而且在实际应用中当溢出不可避免时，溢出不均匀并没有特别损害，因此本书容忍了这种溢出集中的调度结果而节省了面积开销。实验中还发现，当各队列无优先级差别时，为顺序优先级最低的队列设置更大的 HTC 有助于各队列溢出率的均匀化。但总体来说，为每个队列设置不同的 HTC 意义不大。

试图充分利用多队列缓冲容量的此类调度方法改变了消息输出的时间顺序，如 Funnel 算法和 TraceDo 算法。当有相关的调试需求时，消息发生的精确先后顺序可通过设置片内时间戳来获得。

5.3.2.2　算法 VLSI 实现

使用 Verilog-HDL 分别实现了 TraceDo 算法和 Funnel 算法。设缓冲队列数为 4，缓冲容量 L 均为 64 Byte。实验发现，过细的门限调整粒度对算法性能影响不大，因此各 SRH 均采用 4 bit 表示，只与队长 b 的高 4 bit 比较，这有效减少了 SRH 寄存器队长和比较器的面积开销。设置各队列共同的 HTC 寄存器，采用与 Funnel 相同的 4 bit 表示，能够以 4 Byte 为单位调整最小服务粒度。

使用某 $0.18~\mu m$ 工艺库进行逻辑综合时，TraceDo 算法的实现面积为 $3\,844~\mu m^2$，Funnel 算法为 $1\,829~\mu m^2$。TraceDo 算法的面积增加主要由 SRH 寄存器和队长比较器产生。四个 64Byte 容量 FIFO 结构的缓冲器面积为 $233\,472~\mu m^2$，调度算法的增加面积小于该缓冲器面积的 1%，因此是可以接受的。TraceDo 算法的关键路径延迟为 1.82 ns，满足芯片总体设计的时序要求。TraceDo 算法具有良好的可扩展性，队列数 N 的变化对关键路径延时影响很小可忽略，算法的面积复杂度为 $O(N)$。

5.3.3　性能评估与比较

本节首先用队长分布和队列切换次数，给出 Funnel 算法和 TraceDo 算法在不同 *SRH* 和 *HTC* 参数配置下的调度效果，评估各参数设置的有效性。然后综合多个测试程序的实验结果，得到以上两种算法及 LBF-w 算法在各自最优参数配置下的总溢出率和基于溢出的缓冲利用率，表明 TraceDo 算法能有效利用缓冲减少队列溢出。

5.3.3.1　实验环境

为了提高实验效率并便于结果分析，在 MATLAB 中建立了 TraceDo、Funnel 和 LBF-w 三种调度算法的模拟模型，以及四个 trace 数据缓冲队列模型。Funnel 算法模型由 *SRH* 参数设为 0 的 TraceDo 算法模型实现。LBF-w 算法模型为每个队列设置了权值 Q_{w_i}。Q_{w_i} 变化粒度为 0.1，算法始终服务具有最大 $a_i \times Q_{w_i}$ 的队列。CPU 时钟设为 250 MHz，Trace Port 时钟设为 100 MHz。

由于 trace 数据的产生与程序行为和 trace 编码方式有关，与各种常见的分布有较大差异而不便于理论分析，因此本节采用测试程序模拟的方法来评估算法性能。鉴于对原 DSP 平台上的单核测试程序的细粒度并行化工作量巨大，因此对于多核 trace 流量的生成，本书采用了一种简化方法来实现测试程序的粗粒度并行化，即使各核运行相同的单核测试程序也如此。

Trace 流量类型设置为最常用的无时间戳的路径 trace 流量。在单 DSP 核的 RTL 模型中模拟运行测试程序，在 Trace 文件中记录 TraceDo 路径 trace 单元输出的消息数据，而后从 Trace 文件中随机截取四段流量数据作为模拟模型中四个队列的流量输入。各核独立运行程序的工作模式具有真实的应用背景，例如需要同时完成四路低质量的 MPEG 编码时，每个核内运行一个单核版本的 MPEG 编码算法是最简洁有效的解决方案。本节实验采用了与 5.2 节相同的八个测试程序。

5.3.3.2　参数设置对队长分布的影响

为了评估 TraceDo 调度算法的各参数对队长分布的影响，设计了如表 5.4 所示的四组实验，它们是 Funnel 的 HTC_F（以同 TraceDo 的 HTC_T 区别）参数效果、均匀优先级时 TraceDo 的 *SRH* 参数效果（Uni-Priority）、非均匀优先级时

TraceDo 的 SRH 参数效果（Priority）以及 TraceDo 的 HTC_T 参数效果（Switch）。每组实验有三种配置（Config）。

表 5.4　实验参数设置

配置编号	HTC_F/Byte	HTC_T（$SRH_1/SRH_2/SRH_3/SRH_4$）/Byte		
		Uni-Priority	Priority	Switch
Config 1	14×4	56/56/56/56 2×4	24/56/56/56 2×4	32/32/32/32 7×4
Config 2	7×4	32/32/32/32 2×4	24/16/56/56 2×4	32/32/32/32 4×4
Config 3	2×4	16/16/16/16 2×4	24/8/56/56 2×4	32/32/32/32 1×4

为充分观察各算法在不同参数配置下的调度结果，本节实验设置了无限缓冲容量。记录内容包括各队长随模拟时间的变化、队长统计分布、队长统计分布的积累率以及队列服务的切换次数等。队长统计分布（Distribution of $b_i(t)$，$D_i(b)$）为总模拟时间内不同队长的百分比；队长分布的积累率（Accumulation of $D_i(b)$，$AD_i(L_0) = \sum\limits_{b=L_0}^{+\infty} D_i(b)$）为超过某缓冲深度（$L_0$）的队长百分比之和。队列切换开销等效于增加输入数据流量，为避免流量变化影响实验结果，实验中无特殊说明时均假定无队列切换开销，而在评估 HTC_T 参数效果时一同给出了存在队列切换开销的实验结果。TraceDo 和 Funnel 的队列顺序优先级从高至低均设置为 Q_1、Q_2、Q_3、Q_4。

在本次评估参数设置效果的实验中，队列输入为从 JpegE 测试程序的 Trace 文件中随机选取的不同流量数据段，长 80 000 cycle。由于突发流量导致多个队列不为空时调度算法才发挥作用，一般调度研究都侧重于队列重负荷下的工作性能。本书通过设置窄输出带宽来实现重负荷工作环境，以充分评估算法在不同配置下的性能。仍采用 5.1 节定义的带宽利用率来评价队列负荷，实验中 $Q_1 \sim Q_4$ 带宽利用率分别为 0.367 6、0.182 4、0.200 6 和 0.234 1。

实验结果表明，TraceDo 算法通过调整 SRH 控制队长统计分布的截止区来控制缓冲溢出是一种有效的方法；最小服务粒度和懒惰切换结合，可有效控制队列切换次数。

（1）Funnel 的 HTC_F 参数

由 HTC_F 参数控制的最小调度粒度有 1×4 至 16×4 共十六种配置，选取其中三种验证调度结果，如图 5.15 所示。图 5.15 左侧子图为四个队列的队长统计分布，右侧子图为各队长分布的积累率。从图 5.15 中可以看出单独 HTC_F 的调节能力有限，Q_1 得到充分服务，而 Q_4 队长始终居高不下。将顺序优先级调整为 Q_4、Q_1、Q_2、Q_3 后，Q_3 的队长分布同原 Q_4 类似。高优先级队列的缓冲容量不能得到充分利用，增加 $Q_1 \sim Q_3$ 的缓冲容量都无法减少 Q_4 的溢出。在各队列无优先级差别的应用环境中，这种调度结果是不公平的。增大 HTC_F 可以使低优先级队列得到更多的服务，但效果有限。

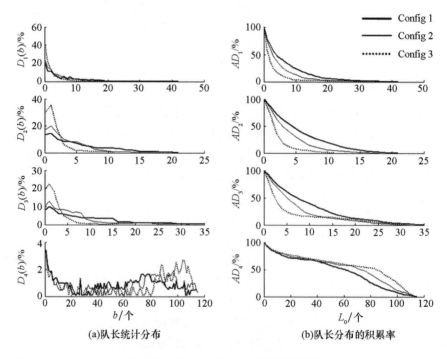

(a)队长统计分布　　　　　　　　(b)队长分布的积累率

图 5.15　Funnel 算法的 HTC_F 参数效果

（2）均匀优先级时 SRH 参数

设置 TraceDo 为均匀优先级，队长统计分布和积累率如图 5.16 所示。从 Config 1 和 Config 2 两种配置的实验结果可以看出，$Q_1 \sim Q_4$ 的队长分布均能在 SRH 处有效截止。Config 3 中 SRH 过小使得突发流量无法在其约束内全部缓冲时，调度算法会尽力满足顺序优先级高的队列。因此，可以通过调整 SRH 控制队长分布的截止区来间接调整缓冲溢出。

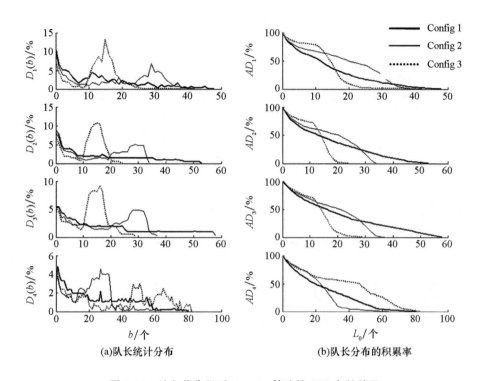

(a)队长统计分布　　　　　(b)队长分布的积累率

图 5.16　均匀优先级时 TraceDo 算法的 *SRH* 参数效果

（3）非均匀优先级时 *SRH* 参数

设置 Q_1 始终为最高优先级，Q_2 的优先级从低到高变化，Q_3 和 Q_4 始终为低优先级，如图 5.17 所示。从图 5.17 中可以看出，在逐渐缩小 SRH_2 的过程中，其余三个队列在超过各自 *SRH* 的队长分布并无明显变化，而是将 *SRH* 约束内的缓冲空间更加充分利用。这表明 TraceDo 算法能有效单独调整某优先级队列长度而不恶化其他队长分布。

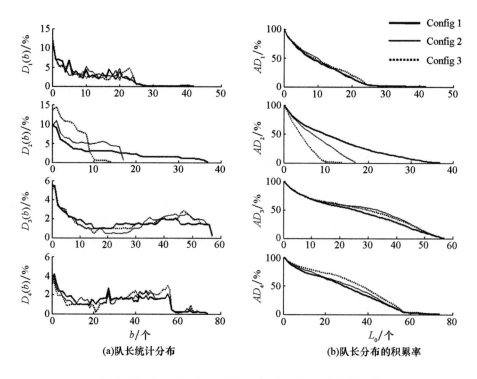

(a)队长统计分布　　　　　　　　(b)队长分布的积累率

图 5.17　非均匀优先级时 TraceDo 算法的 *SRH* 参数效果

（4）HTC_T 参数

当 HTC_T 寄存器设定的服务粒度减小时，切换次数增加，队长分布在 *SRH* 门限处下降更加陡峭，队长分布更加接近 *SRH* 指定的约束，如图 5.18 所示。

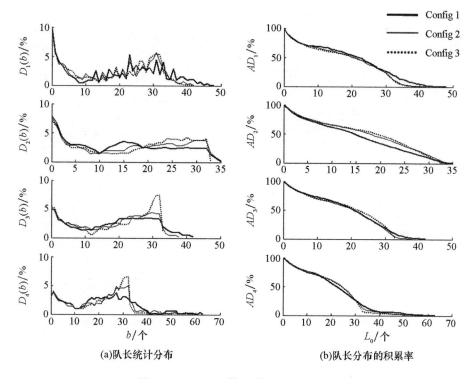

(a)队长统计分布　　　　　　　　(b)队长分布的积累率

图 5.18　TraceDo 算法的 HTC_T 参数效果

　　考虑切换开销的影响，插入一个队列 ID 等效占用 N 个字节的有效传输时间。当 N 分别取 0.5 Byte 和 1 Byte 时，队长分布积累曲线变化情况如图 5.19 所示。结果表明 TraceDo 算法在不同切换开销时仍能充分利用各队列缓冲容量。HTC_T 参数有一定调整队长分布的作用，但随切换开销的增加，过小的 HTC_T 会增加流量而使队长分布急剧恶化。

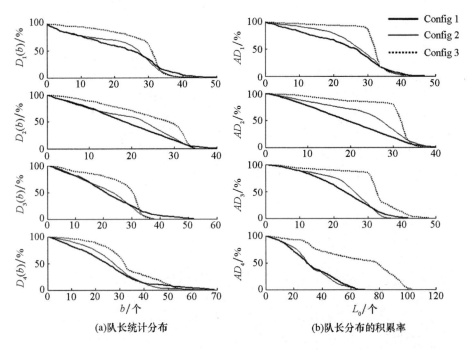

(a)队长统计分布　　　　　　(b)队长分布的积累率

图5.19　存在切换开销的 HTC_T 参数效果

5.3.3.3　队列切换比较

无队列切换开销时，表5.4中各次实验的服务切换次数由如5.20所示。

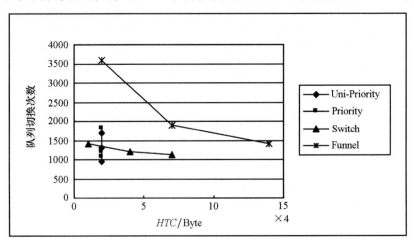

图5.20　队列切换次数比较

从图 5.20 中可以看出，TraceDo 算法由于采用了与 *SRH* 相配合的懒惰切换策略，使得在相同 *HTC* 设置下的队列切换次数大大减少。

5.3.3.4 溢出率评估

各核运行相同测试程序时的总带宽利用率如图 5.21 所示。不同测试程序对输出带宽的要求有较大差异，这使得在相同输出带宽下，部分程序的溢出很大而部分程序无溢出，难以反映算法对波动流量的调度效果。因此对测试程序的流量进行归一化处理，即调整每次实验的输出带宽，使四个队列的总带宽利用率保持为 0.8。

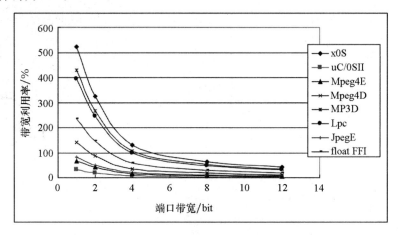

图 5.21 各测试程序的总带宽利用率

为评估算法的溢出率和缓冲利用率，设置有限缓冲队列，取各算法的最佳参数配置结果参与比较。在每个测试程序的 Trace 文件中，任意抽取四段长 10 000 Cycle 的 trace 数据分别作为四个队列的输入。进行了相同优先级（Uni-Pri-）和不同优先级（Pri-）的两组实验，每组实验包括切换开销 N 为 0.5 Byte（-ID）和 0 Byte（-NoID）两种设置。相同优先级实验中各队列具有相同的缓冲容量，取总溢出率最小的配置结果。在不同优先级实验中，设缓冲容量 L 较小的 Q_1 为高优先级，L 较大的 $Q_2 \sim Q_4$ 为低优先级，取总溢出率最小且 Q_1 无溢出的配置作为该算法的最终结果。实验得到的最佳配置参数如表 5.5 所示。LBF-w 算法 Q_{w_i} 参数变化粒度为 0.1。

表 5.5　针对溢出率的最佳配置参数

| 队列 | Config/Byte | | (**LBF-w**) $Q_{w_1}/Q_{w_2}/$ Q_{w_3}/Q_{w_4} | (**TraceDo**) $(SRH_1/SRH_2/SRH_3/SRH_4) - HTC_T/$ Byte | (**Funnel**) $HTC_F/$ Byte |
	$L_1/L_2/L_3/L_4$	ID_ Overhead			
Uni-Pri-ID	64/64/64/64	0.5	1/1/1/1	56/56/56/56 − 24	16 × 4
Uni-Pri-NoID	64/64/64/64	0	1/1/1/1	56/56/56/56 − 8	11 × 4
Pri-ID	32/64/64/64	0.5	1.7/1/1/1	24/56/56/56 − 12	5 × 4
Pri-NoID	32/64/64/64	0	1.2/1/1/1	24/56/56/56 − 4	7 × 4

　　总溢出率结果如图 5.22 所示。总溢出率是系统丢弃的数据总量与到达的数据总量之比，而非各队列溢出率的均值。相比 Funnel 算法，TraceDo 算法将队列总溢出率降低了 28%~32%。存在切换开销时，TraceDo 的性能优势略有提高。同实现代价过高的 LBF-w 算法相比，无队列切换开销时 TraceDo 算法的队列总溢出率仅增加 14%（Uni-Pri-NoID）和 1%（Pri-NoID）。由于没有减少队列切换的措施，存在队列切换开销时 LBF-w 算法的溢出率约是其他算法的三倍。

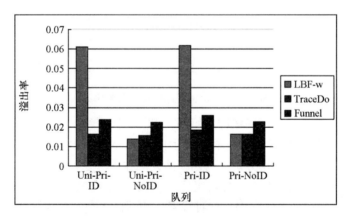

图 5.22　总溢出率比较

　　各溢出缓冲利用率如图 5.23 所示。在合并多个测试程序的 *OFBU* 结果时，按各测试程序溢出率的比例对其 *OFBU* 求加权平均值作为最终结果。可以看出，TraceDo 作为一种满足硬件实现约束的算法，尽管同 LBF-w 算法还有一定差距，但相比 Funnel 算法，LBF-w 算法的各队列优先级更加公平，溢出时的缓冲利用率也有较大提高。

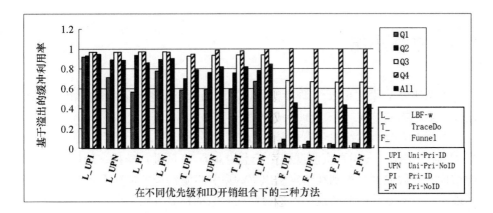

图 5.23 溢出缓冲利用率

以 TraceDo 算法为例，不同测试程序之间溢出率的差异如表 5.6 所示。参数配置为表 5.5 中的 Uni-Pri-NoID。TraceDo 对间接分支执行结果采用 XOR 编码压缩，压缩率较低，而对采用位映射和游程编码压缩的条件分支执行结果具有较高的压缩率，因此程序的分支行为主要决定了溢出率的差异。xOS 和 Lpc 测试程序有较多的间接分支和不连续的条件分支；MP3D 频繁调用浮点函数库增加了间接分支数量；uC/OSII 和 Mpeg4E 测试程序没有使用 Cache，程序运行时间的延长减少了 trace 数据的平均流量。因此 xOS、Lpc 和 MP3D 测试程序的溢出率较高，而其他几个测试程序的溢出率较小。

表 5.6 各测试程序的溢出率

端口带宽/bit	1	2	4	8	12
xOS	0.803 7	0.700 7	0.229 9	0.019 5	0
uC/OSII	0	0	0	0	0
Mpeg4E	0	0	0	0	0
Mpeg4D	0.276 4	0	0	0	0
MP3D	0.76 1	0.635 5	0.062 6	0	0
Lpc	0.739 8	0.603 1	0	0	0
JpegE	0.004 2	0.000 4	0	0	0
floatFFT	0.565 6	0.337 5	0	0	0
平均值	0.393 8	0.284 6	0.036 6	0.002 4	0

5.4　本章小结

　　本章研究了片上 trace 实现模型中传输层的两个关键问题：核内 trace 流的缓冲传输结构和核间 trace 流的合成调度算法。

　　本章首先分析归纳了现有的核内 trace 流传输结构，采用了一种参数化的 $K-N$ 缓冲结构。使用真实测试程序产生的 trace 流量进行模拟，遍历 $K-N$ 缓冲结构的参数取值，得到在给定溢出率约束和带宽约束的情况下具有最小硬件实现面积结构参数的取值范围。这种结构参数的估算方法考虑了输入流量、面积开销、溢出率和端口带宽四种因素，可以得到 $K-N$ 缓冲结构中 MFC、N、UFL 参数的合理取值范围，从而有效指导了 TraceDo 框架的详细结构设计。该参数估算方法准确性较高，具有一定的通用性，但在实验更大范围的结构参数时模拟计算量过大。因此在下一步工作中应研究保证精度的快速模型估算方法。

　　在核间 trace 流的合成调度算法方面，本章根据 trace 调度问题的特点给出了调度原则和算法评价指标，在优先级设置的有效性、算法的可实现性和可扩展性等多重约束下提出了基于服务请求门限和最小服务粒度的懒惰队列调度算法。为每个队列设置了服务请求门限，算法根据各队列长度与该门限的比较结果决定是否切换服务队列，由此允许使用者根据各队列的丢失数据代价、缓冲容量和数据流量突发特性等约束，灵活调整队长分布并控制溢出。通过设置最小服务粒度并与懒惰切换结合，算法能够保证一定的服务粒度，并在其他队列有富余缓冲能力时灵活地增加本队列的服务粒度。这有效降低了队列切换开销，而增加的有限缓冲溢出风险可由服务请求门限控制。实验表明，该算法能够有效控制队长分布，能够按照设置的队列优先级充分利用缓冲容量，有效降低各缓冲队列的溢出，弥补了 CoreSight 中 Funnel 调度算法的不足。使用 Verilog-HDL 实现了该算法并进行逻辑综合，结果表明该算法满足面积约束和时序约束。同 Funnel 算法比较，该算法面积增加了 2 015 μm^2，平均溢出率降低了 30%。

参 考 文 献

[1] Hopkins A, McDonald-Maier K D. Debug support strategy for systems-on-chips with multiple processor cores[J]. IEEE Transactions on Computers, 2006, 55(2): 174 - 184.

[2] AMBA AHB trace macrocell (HTM) technical reference manual[EB/OL]. [2021 - 05 - 28]. https://download. csdn. net/download/hu_xo/19142207? spm = 1001. 2014. 3001. 5501.

[3] MPC565: 32 bit microcontroller follow[EB/OL]. [2020 - 09 - 01]. https:// www. nxp. com/products/processors-and-microcontrollers/legacy-mcu-mpus/ 5xx-controllers/32-bit-microcontroller: MPC565.

[4] CoreSight™ components technical reference manual[EB/OL]. [2020 - 09 - 01]. https://download. csdn. net/download/hwzjj/12926904.

[5] PowerTrace for NEXUS [EB/OL]. [2020 - 09 - 01]. https://www. lauterbach. com/doc/nexus. pdf.

[6] DesignWare small real-time trace facility (SmaRT)[EB/OL]. [2020 - 04 - 25]. https://www. synopsys. com/dw/ipdir. php? ds = arc_smart_trace.

[7] EJTAG trace control block specification [EB/OL]. [2020 - 04 - 25]. https://www. ymcn. org/4265663. html.

[8] PDtrace™ interfacespecification[EB/OL]. [2020 - 04 - 25]. https://www. doc88. com/p - 2502492757701. html? r = 1.

[9] Nexus 5001 forum™ standard [EB/OL]. [2020 - 04 - 25]. https:// nexus5001. org/nexus-5001-forum-standard/.

[10] Takagi H. Queuing analysis of polling models[J]. ACM Computing Surveys, 1988, 20(1): 5 - 28.

[11] 王智, 申兴发, 于海斌, 等. 两类服务对象轮询模型的平均运行周期 [J]. 计算机学报, 2004, 27(9): 1213 - 1220.

[12] 李万林, 田畅, 郑少仁. 光总线交换网络输出排队两级缓冲结构与性能 分析[J]. 电子学报, 2003, 31(4): 589 - 592.

[13] Lagkas T D, Papadimitriou G I, Nicopolitidis P, et al. Priority oriented adaptive polling for wireless LANs [C]//Proceedings of the 11th IEEE

Symposium on Computers and Communications, 2006: 719 – 724.

[14] Lackman R A, Jian X. Laxity threshold polling for scalable real-time/non-real-time scheduling [C]//Proceedings of International Conference on Computer Networks and Mobile Computing. IEEE, 2003: 493 – 496.

第 6 章　Trace 辅助的程序分析、调试与调优

经过前面章节对片上 trace 实现技术的分析讨论，在多核 DSP 平台上设计实现了 TraceDo 框架所需的软硬件系统（TraceDo 系统）。本章基于该系统对片上 trace 的应用技术展开研究。

有效辅助程序分析、调试与调优是片上 trace 技术的目的所在，但这方面的专门研究还比较少，仅在部分厂商的产品说明文档中略有涉及。本章首先概述了片上 trace 技术的应用范围，简要介绍了单核程序调试调优的方法；然后从多核程序分析调优和路径 trace 扩展应用两方面展开了研究。

为了验证片上 trace 对多核程序开发的有效辅助作用，6.2 节研究了路径 trace 和事件 trace 辅助分析多核程序行为并进行性能优化的过程。多核程序实例是二维快速傅里叶变换（Two-Demensional Fast Fourier Transform，2D-FFT）算法。该节首先介绍了 2D-FFT 算法的四核并行计算过程；然后根据 TraceDo 系统提供的可视化的程序执行路径和数据传输过程，深入分析了并行程序性能损失的原因；最后提出并实现了两种优化方案，比较了优化效果。

片上 trace 作为一种当前无法替代的调试技术，其提供的独特信息应该可以在更广阔的领域中发挥作用，6.3 节在这方面进行了研究。代码排布和指令预取是减少指令 Cache 失效的常用技术。前者研究执行代码在 Cache 中的空间相对位置关系，而后者关注代码执行的依次顺序和时间间隔。片上 trace 非入侵地获得程序的执行路径及其时间信息，将代码执行的空间相对位置和时间相对关系联系起来，因而为代码排布和指令预取的结合使用提供了基础。由此，本章提出了一种代码排布和指令预取相结合的方法，利用程序运行的周期行为特性设置预取，以增加预取容限为目标进行函数级的预取排布，并利用 VLIW 的空闲单元执行预取指令。实验结果表明，该方法能有效进行指令预取和减少指令 Cache 失效。

6.1　片上 trace 应用概述

一项调试技术的应用范围应取决于它的功能和特点，即它能提供哪些信息和它以什么方式来获取这些信息。片上 trace 调试技术提供了程序执行路径、数据访问和处理器内部事件等信息，并采用专用硬件非入侵地提供这些调试信息。片上 trace 提供的以上信息内容通过软件 profile 的方式也能部分获得，因此本节从已有广泛研究的软件 profile 入手来讨论片上 trace 的应用。

软件 profile 技术通过在程序中插入软件代码，在处理器运行过程中不间断地记录程序执行路径和数据访问等信息[1-4]，因此通过软件 profile 获取处理器运行信息会造成软件入侵和时序入侵。理想情况下通过片上 trace 可以获得全部程序执行路径，等同于路径 profile 内容，因此路径 trace 可以支持路径 profile 的全部应用。数据 trace 一般有选择地记录数量庞大的数据访问地址和访问数值，因此不能完全支持数据 profile 的应用。Gupta[1] 和 Ball[2] 对软件 profile 的应用进行了很好的概括和总结。

从对软件调试的研究来看，Robert 总结了 19 种软件调试手段[5]。其中，显示执行路径的信息、显示过程的参数、生成（执行语句）流的追踪、显示变量的值和生成变量的快照五种手段都仅需要执行路径和数据访问信息，因此都适于用片上 trace 技术提供支持或提供部分支持。

另外，文献［6］指出，在嵌入式系统的开发调试中有四类常见问题：逻辑问题、软硬件相互影响问题、软件实时问题和软件崩溃问题。其中，逻辑问题容易通过在应用程序中设置断点、查看寄存器和存储器内容等方式来解决；而对于后三类问题，断点和软件 profile 等入侵的方式很容易造成调试问题的变化甚至消失，因此应采用片上 trace 调试协助解决。

综合对软件 profile 应用领域的研究结果，列举片上 trace 的应用如下。

（1）路径 trace：

①编译优化。对频繁执行的代码进行编译优化能获得更好的效果。路径 trace 可提供编译优化所需的路径执行频率信息。编译优化的主要措施是代码变换、代码移动和代码复制，包括超块调度、控制流重构、部分冗余代码消除、条件分支消除等技术[7-8]。

②指令存储系统优化。对集成了指令 Cache 的处理器系统，路径 trace 为代码排布等 Cache 优化措施提供了必要信息[9]。路径信息还可用于 trace Cache

的路径预测技术[10]。

③开发调试。程序执行路径可用于软件调试[11]、软件复杂性度量和程序理解[12]以及程序维护[13]。通过比较程序多遍执行的路径谱，可以孤立出程序的潜在问题[14]。

④测试。路径 trace 可提高路径覆盖率[15]以及用于测试用例自动生成[16]。

（2）数据 trace：记录数据访问的数值可用于数据压缩[17]、值预测[18]和值编码[19]等；记录数据访问的地址可识别出频繁执行的数据流，用于 Cache 敏感的数据地址排布[20]和数据预取[21-22]等。数据 trace 对代码调试也很重要。

（3）事件 trace：辅助优化点选择和存储优化，以及分析并发事件等。

接下来给出片上 trace 调试调优的几个具体场景。

（1）调试。在某图像识别程序调试过程中遇到了一些调试困难，但借助片上 trace 技术，将易于解决这些困难，现列举如下：

①在移植程序初期发现程序经常"跑飞"或"死机"，原因是存储器地址映射发生重叠。采用断点和单步方法调试时，只能通过逐行或逐函数运行程序，或设置多个断点反复运行程序来分析程序运行轨迹和理解程序功能。若采用片上 trace 调试，只需运行程序一次即能得到程序层次化的运行轨迹，与原系统正确的行为比对后则很容易定位故障点，再使用断点和单步方法细致查错可大大提高调试效率。

②系统联调时，使用"运行—断点—继续运行"的调试方法会打断处理器的运行过程，导致与全速运行中不同的任务切换顺序和中断服务程序执行顺序，并引发其他全速运行处理器的同步问题。若使用片上 trace 调试则可避免中断系统运行，还可同时获得多个处理器的实时运行状态。

③为获得程序实时运行状态，插入调试代码 70 余处。这些代码占用了处理器资源，增加了代码长度，并影响了代码排布等指令 Cache 的优化结果。若使用片上 trace 非入侵地获得程序运行信息，则可避免插入代码带来的上述问题。

（2）调优。对于记录了流水线阻塞信息的片上 trace 系统，如 TraceDo、CoreSight[23]和 PDtrace[24]等，可以提供程序执行路径和函数执行时间，有效辅助选择程序的优化点。以 JpegE 程序为例，程序执行时间比例和流水线阻塞（PStall 和 DStall）的时间比例如图 6.1 所示。从图 6.1 中可直观得到 memcpy、reformat 两个函数的 DStall 比例最高，因此应从数据访问方面进行分析和采取优化措施，如采用 DMA 实现大块数据搬移或调整数据的存储位置以减少数据 Cache 失效等。对于 PStall 比例最高的函数 jpgenc，也应采取针对指令 Cache

的优化措施。对于执行时间比例最高的三个函数（dct、qrle_ac、vlc_ac），应针对算法代码进行优化，如用汇编语言改写算法等。图6.2给出了函数单位显示的程序执行路径如图6.2所示，从图6.2中可得到各函数的执行顺序、执行次数以及各次的执行时间，能够辅助调试者快速清晰地获得对程序整体行为的理解，易于发现程序执行的异常。

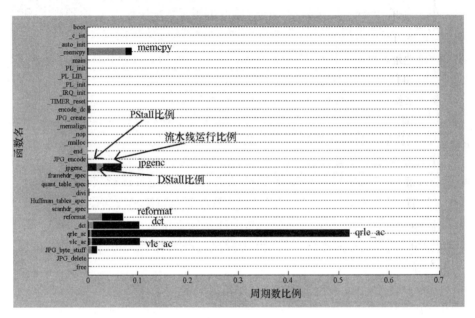

图6.1　各函数中流水线运行、PStall和DStall的周期数比例

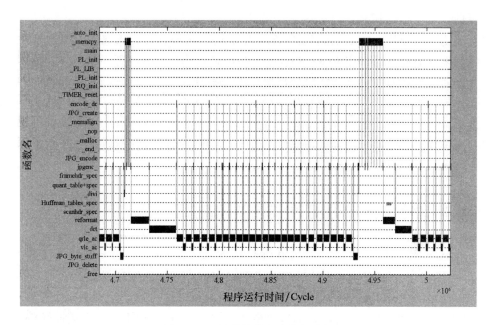

图 6.2　函数单位的程序执行路径

6.2　多核程序的分析与调优

由于并行程序运行的复杂性，在并行软件的开发生命周期中，可以认为软件修改与性能调整是两项不同的工作[25]。在多核环境中，性能调试工具应该可以分析并行程序的性能损失，孤立存储和同步的瓶颈，并采用事件图和时空图等图形化手段显示计算时间和存储时间[26]。片上 trace 调试技术非入侵地获得带有时间戳的程序执行信息，可支持多核程序的性能优化。但在计算密集型的嵌入式多核系统中，核间数据交换以及核内存储操作多由 DMA 完成，仅记录程序执行路径不足以获得数据传输的相关信息。但现有的多核 trace 方案如 CoreSight 的总线 trace 模块 HTM 仅记录了核间总线上的数据访问地址和访问数值[27]。Kao 在 2007 年 DAC 等会议上提出在信号级、事务级和传输级三个不同抽象层次上记录总线行为[28-29]，该方法可有效提供用于多核性能调试的关键传输信息。出于不同的调试需求考虑，TraceDo 仅用事件 trace 记录 DMA 操作的起止和类型信息。虽然事件 trace 没有提供对总线操作更详细的记录，但足以提供用于多核性能调试的关键数据传输信息，并且带宽耗费更小、硬件代价更低，也易于同其他类型 trace 配合使用。

为了验证片上 trace 对多核程序开发调试的辅助作用，本节以 TraceDo 系统为例，研究了对多核程序行为进行分析以及性能优化的过程。多核程序实例是映射于四核 DSP 上的 2D-FFT 算法。由于设计了单独的事件 trace，TraceDo 系统可以为调试者提供丰富和便捷的优化分析手段。本节首先介绍了 2D-FFT 四核映射的并行计算过程以及基于 Qlink 机制的数据传输过程；然后借助可视化的程序执行路径和数据传输过程，对 2D-FFT 程序性能损失的原因进行了深入分析；最后提出且实现了两种优化方案，并比较了优化效果。

6.2.1　基于 Qlink 传输的 2D-FFT 并行算法

以某 DSP 片内设计的 Qlink 传输机制为基础介绍片上 trace 的应用实例。Qlink 传输支持从源 DSP 核到目的 DSP 核之间的点对点数据搬移，如图 6.3 所示。通过对源 DSP 核中的 Qlink 配置寄存器的写操作可启动一次 Qlink 传输，功能是将源 DSP 核中某段地址空间的数据写入目的 DSP 核中的指定地址区域。每次 Qlink 传输的数据长度不能超过 1 024 字。2D-FFT 计算被分配在四个 DSP 核中同时进行，其间的数据交换是通过 Qlink 传输机制完成的。

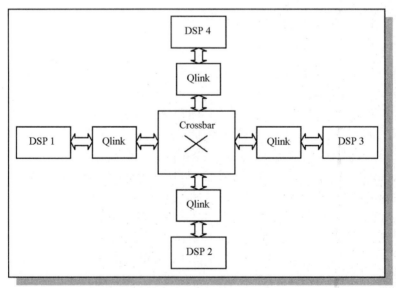

图 6.3　Qlink 传输机制

2D-FFT 通常采用行列算法来实现[30-31]。2D-FFT 计算公式如下：

$$x_{lm} = \sum_{j=0}^{N-1} \sum_{k=0}^{M-1} x_{jk} e^{-2\pi i \left(\frac{jl}{N} + \frac{km}{M} \right)} \qquad (6.1)$$

式中，j、k 分别为行、列坐标，且 $0 \leqslant j \leqslant N-1$，$0 \leqslant k \leqslant M-1$。方便起见，假定输入是方阵，即 $N = M$，则式（6.1）可改写为：

$$x_{lm} = \sum_{j=0}^{N-1} \left[\sum_{k=0}^{N-1} x_{jk} e^{-2\pi i \left(\frac{km}{N} \right)} \right] e^{-2\pi i \left(\frac{jl}{N} \right)} \qquad (6.2)$$

式（6.2）中的内层累加和相当于对 N 点的行数据实施一维傅里叶变换（1D-FFT），而外层累加和相当于对 N 点的列数据实施 1D-FFT。可将式（6.2）进一步改写为：

$$x_{lm} = \sum_{j=0}^{N-1} x_{jm} e^{-2m \left(\frac{jl}{N} \right)} \qquad (6.3)$$

因此 2D-FFT 的行列算法相当于首先对输入数据实施行变换"行 FFT"，再对中间结果实施列变换"列 FFT"，如图 6.4 所示。行变换和列变换都可通过调用相同的 1D-FFT 变换函数实现。

```
for (int i=0; i<N; i++)          原始数据第i行
  1D-FFT(ROW[i], N);
for (int j=0; j<N; j++)          行FFT计算结果第j列
  1D-FFT(COL[j], N);
```

图 6.4　2D-FFT 的行列算法示意

由此可知 $N \times N$ 定点 2D-FFT 共需进行 $2N$ 次 1D-FFT 运算。其中"行 FFT"计算和"列 FFT"计算需依次进行，但"行 FFT"或"列 FFT"内部的 N 次 1D-FFT 可以并行计算。因此将行计算任务均匀划分给四个 DSP，完成行计算后实施数据交换，再将列计算任务均匀划分给各 DSP。"行 FFT"计算结果的核间数据交换过程如图 6.5 所示。由于片内存储器有限，将待处理的数据逐行从外存读入片内存储器，处理完毕后写回本核外存（DMA $R_1 \rightarrow R_0$），或分发至其他核的外存（Qlink $i \rightarrow j$，i 指源 DSP，j 指目的 DSP）。为了减少存储开销，数据读入和写回操作均由 DMA 完成。在程序中还设置了数据输入缓冲，使得读入数据的 DMA 传输可与计算过程并行。

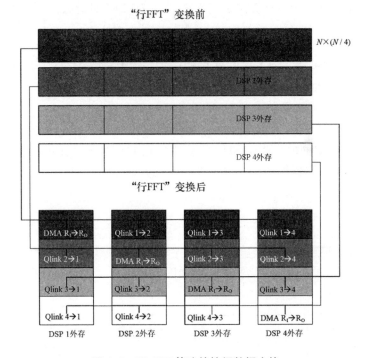

图 6.5   2D-FFT 算法的核间数据交换

除数据传输部分略有差别外，各 DSP 核的程序代码基本相同。代码采用 C 语言编写，各核代码独立编译链接。由 RISC 核向各 DSP 核逐个加载程序，并点火启动运行[31]。2D-FFT 的四核并行计算过程如图 6.6 所示。

2D-FFT 四核并行计算过程：

　　输入：$N \times N$ 点输入数据矩阵

　　输出：$N \times N$ 点结果数据矩阵

步骤1. 初始化

　　将待处理的数据矩阵划分为 N 列 $\times \dfrac{N}{4}$ 行大小的四块，分别存入四个 DSP 核的片外存储器。

步骤2. "行 FFT"

　　各 DSP 核通过 DMA 从外存中读取一行数据（N 点），调用 1D-FFT 函数。计算完毕后，将结果数据（N 点）等分成四个部分，一部分通过 DMA 传输到本核外存，其余三部分通过 Qlink 分别传输至其他 DSP 的外存中。

步骤3. 多核同步

　　等待四个 DSP 核的"行 FFT"均计算完毕，所有 Qlink 传输完成，得到传输后的矩阵数据。

步骤4. "列 FFT"

　　DSP 核通过 DMA 从外存中读取一列数据（N 点），该列数据来自四个部分：本核"行 FFT"的计算结果，其他三个 DSP 核上经过"行 FFT"的计算结果。DSP 核调用 1D-FFT 函数对该行数据进行"列 FFT"处理，通过 DMA 将计算结果搬移到本地的外存。

图 6.6　2D-FFT 的四核并行计算过程

6.2.2　TraceDo 辅助的程序分析与调优

6.2.2.1　可视化分析多核程序行为

基于可视化 TraceDo 系统的多核程序分析与调优遵循以下流程：

（1）分析程序总体运行结构。

（2）单核内部的性能优化。

①针对频繁执行的代码段进行算法优化；

②针对高 PStall 和 DStall 比例的代码段进行存储优化。

（3）多核范围的性能优化。

①多核同步优化；

②多核数据传输优化。

　　单核优化在前文已作讨论，本节着重研究与多核分析调优相关的关键步骤。以 $N=1\,024$ 为例实现 2D-FFT 算法。在多核 DSP 模拟器中添加 TraceDo 系统采集压缩层的行为级描述，直接在 Trace 文件中记录各 trace 单元的输出，并送入 Trace Analyzer 复现。传输层的结构和性能已在第 5 章深入研究，本章侧重于 trace 信息的应用环节，因此以上实验方法并不影响研究结果。

　　在实验中设置了路径 trace，运行程序后得到记录分支和中断执行的 Trace 文件。Trace Analyzer 读入 Trace 文件，复现各核程序的执行路径并采用可视化的方式输出。以函数为单位显示的 DSP 1 核程序执行路径如图 6.7 所示，其中 _r2_fft 是 1D-FFT 计算函数。从图 6.7 中可清晰获得 2D-FFT 程序的整体执行过程，引起执行路径变化的错误也很容易被定位。若各核的计算负载不均衡，也容易根据各 DSP 核的有效计算时间（如此处的_r2_fft 函数运行时间），重新进行任务划分和分派。

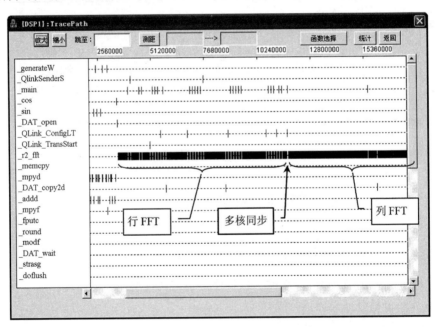

图 6.7　DSP 1 核的程序执行路径图

　　查看多核同步点的程序执行，发现 DSP 1 和 DSP 4 的"行 FFT"执行时间比 DSP 2 和 DSP 3 短约 30 000 Cycle，因此造成 DSP 1 和 DSP 4 的大量时间耗费在同步等待中，如图 6.8 所示。

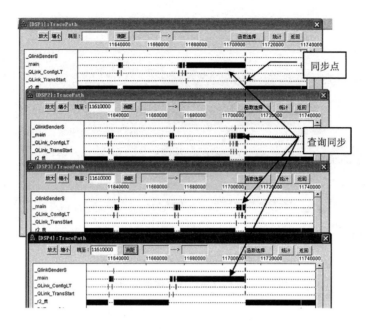

图 6.8　多核程序的同步点

　　细致分析"行 FFT"中各 DSP 核的执行时间，发现在各核程序的 256 次循环过程中，各_r2_fft 函数的执行时间都基本稳定，但完成数据传输的代码段的执行时间（即连续两次_r2_fft 执行的间隔部分，简称间隔时间 $T\_Interval$）有较大差异。以 DSP 1 和 DSP 3 程序的第三次循环过程为例，通过仔细查看程序运行执行路径图，易知运行时间的差异主要来自等待 Qlink 传输完成的两处代码，如图 6.9 所示。

　　深入分析"行 FFT"阶段单个 DSP 核处理单行数据所需的数据传输过程，共有四种类型八次传输，分属两个 DMA 执行队列（Q_1 和 Q_2），如图 6.10 所示。其中，DMA_R_0R_1 传输将待处理的一行数据从外存搬入内存，DMA_R_1R_0 将 1/4 行结果数据返回至片外，三次 Qlink_R_1Q_0 传输依次将另 3/4 行数据分发至其他三个核。Qlink_Q_1R_0 传输由相应的源 DSP 核的 Qlink_R_1Q_0 传输触发，三次 Qlink_Q_1R_0 依次接收其他三个源 DSP 核发送的数据并写入片外存储器。同类型的传输只能串行进行；不同类型的传输可并行进行，但由于都通过 DMA 实现，因此传输时间会延长。

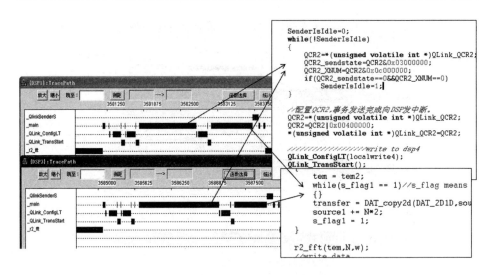

图 6.9　数据传输的代码段执行时间比较

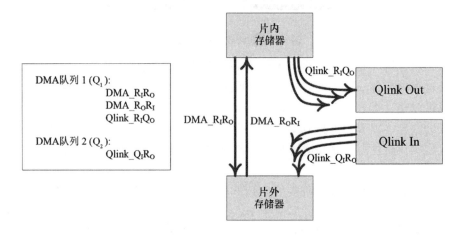

图 6.10　单 DSP 核处理单行数据时的数据传输过程

　　启动事件 trace 再次运行程序，DMA 消息记录了 Q_1 和 Q_2 两个 DMA 队列中所有传输的起止点。由此获得详细的数据传输过程，如图 6.11 所示。由于竞争 DMA 资源导致的传输延迟由虚线圈标出，由于竞争同一个 Switch 通道导致的传输串行化延迟由实线圈标出。通过可视化的事件 trace，用户可以分析造成传输延迟的每一处细节原因。

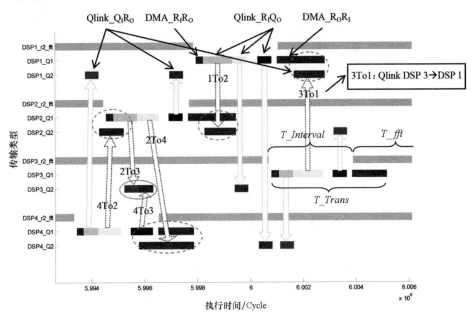

图 6.11　"行 FFT"阶段的数据传输

6.2.2.2　调优实现

　　统计"行 FFT"中全部的 $T\_Interval$，如图 6.12 中 DSP - org 部分所示。各核的 $T\_Interval$ 只在前 56 次有较大差异，而后仅有周期性的微小抖动。该现象是多个数据传输事件竞争 Switch 和 DMA 资源造成传输延迟所致，而该延迟增加到一定程度后，各核执行数据传输的时刻已有适当间隔，因此传输延迟趋于稳定。

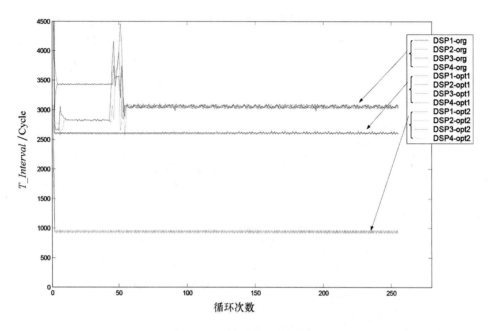

图 6.12　数据传输代码执行时间

设 DSP i 中第 j 次 _r2_fft 函数执行时间为 T_fft_{ij}，两次 _r2_fft 的间隔时间为 $T\_Interval_{ij}$，数据传输时间为 T_Trans_{ij}，如图 6.11 所示。由于无输出缓冲，_r2_fft 需等待 $DMA\_R_1R_0$ 和 $Qlink\_R_1Q_0$ 完成后才能进行，因此传输引起的 T_Trans_{ij} 增加会导致 $T\_Interval_{ij}$ 增大。从首个 _r2_fft 开始执行至同步点的 "行 FFT" 总时间耗费为：

$$T\_LineFFT = max^i\left(\sum_{j=1}^{\frac{N}{4}} T\_fft_{ij} + \sum_{j=1}^{\frac{N}{4}} T\_Interval_{ij} \right) \tag{6.4}$$

经过以上分析，本书提出两种优化方案。

（1）Optimized_1（opt1）

依次延迟启动各 DSP 核的 "行 FFT" 代码段执行，可使各 DSP 核的数据传输时段依次延后而互不重叠，由此可保证 T_Trans_{ij} 为 DSP_i 单独运行时的最小数据传输时间。该方法需保证 $\sum_{i}^{4} T\_Trans_{ij} < \min_{i}(T\_fft_{ij})$，$j = 1, 2, \cdots, \frac{N}{4}$。此时 "行 FFT" 总时间耗费为：

$$T\_LineFFT = \sum_{i=1}^{3} \max_{j}(T\_Interval_{ij}) + \sum_{j=1}^{\frac{N}{4}} (T\_fft_{4j} + T\_Interval_{4j}) \tag{6.5}$$

（2）Optimized_2（opt2）

在原有输入缓冲基础上增加输出缓冲机制，每次_r2_fft 执行前则无须等待 DMA_R$_1$R$_0$ 和 Qlink_R$_1$Q$_0$ 传输完毕。因此 $T\_Interval$ 减少至程序发出传输请求的时间。此时"行 FFT"总时间耗费：

$$T\_LineFFT = \max_i \left(\sum_{j=1}^{\frac{N}{4}} T\_fft_{ij} + \sum_{j=1}^{\frac{N}{4}} T\_Interval_{ij} \right) \tag{6.6}$$

优化后各次 $T\_Interval$ 的变化也如图 6.12 所示，总运行时间比较如图 6.13 所示。

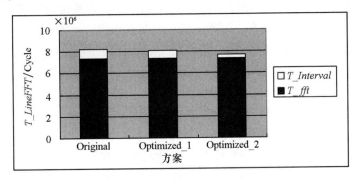

图 6.13　优化前后运行时间比较

6.3　路径 trace 支持的预取排布

本节研究了片上 trace 的扩展应用技术。代码排布和指令预取是减少指令 Cache 失效的常用技术。排布技术关心的是代码执行的空间相对位置，而预取技术关心的是代码执行的时间相对关系。片上 trace 非入侵地获得程序的执行路径及时间信息，将代码执行的时空关系联系起来，因而为两种技术的结合使用提供了基础。本节利用程序运行的周期行为特性设置预取，以增加预取容限为目标进行函数级的代码预取排布，并利用 VLIW 的空闲单元执行预取指令。实验结果表明，该方法能有效预取和减少 Cache 失效。

本节首先分析了作为周期预取实现基础的程序周期行为特点，讨论了指令 Cache 周期预取的实现；然后对周期预取中关键的代码排布问题进行了研究，提出了基于代价函数的预取排布算法；最后用测试程序评估了周期预取和预取排布方法的有效性。

6.3.1 相关研究

随着处理器主频的提升，存储瓶颈越发严重。很多嵌入式处理器都使用了Cache结构缓解存储瓶颈问题。在提高指令Cache（I-Cache）性能的大量研究中，代码排布和指令预取是两种重要的方法。

代码排布（Code Layout）使用预先得到的程序执行路径信息，针对指令Cache的替换算法重新安排各代码段的存储位置，以减少程序再次运行时的指令Cache冲突失效。HP算法是经典的排布算法[32]。它通过统计函数间的调用关系，以调用频率为依据在存储器中依次排布各函数，使得相互调用频繁的函数处于相邻位置，从而减少其占用相同Cache行的可能。Gloy改进了HP算法，考虑了函数调用的时间顺序[33]。Hashemi提出颜色排布算法，允许在HP算法中反复调整排布结果[34]。Kalamatianos以Cache行为单位提取函数间最有可能冲突的代码段及其冲突次数，然后再使用颜色算法[35]。本书将此类为减少Cache冲突而进行的排布称为冲突排布。

指令预取技术（Instruction Prefetch）通过分析程序行为，提前把即将被访问的指令从存储器中读入Cache，达到降低Cache访问失效率的目的。以硬件实现为主的指令预取方法有Next-N-Line[36]、Target-Line[37]、Wrong-Path[38]和Markov[39]等。软件实现方法通过编译器增加预取指令实现，其优点是硬件耗费小且不需要设置历史缓存表。Luk[40]和沈立[41]采用了硬件支持Next-N-Line和预取指令支持非顺序预取相结合的方式。Xia[42]考虑了代码排布对预取的影响，通过编译器在程序代码中增加标志位，用来指示地址中连续排布的代码段，以便提示Next-N-Line预取，但该方法仅考虑预取连续放置的代码段，未对代码段进行重新排布。

Puzak[43]研究了预取的评价方法和性能指标。预取距离是预取技术的一个重要参数，其定义为发出预取请求和使用预取结果的时间间隔。预取距离应该足够大以隐藏失效延迟，又不能过大而使预取行被其他代码段污染。因此，本书通过代码排布增加预取距离的允许范围，有效解决了相关研究中预取距离不足的问题。

大量研究表明，程序运行具有周期重复的行为模式，并且该周期模式可以被精确辨识和预测[44-47]。程序周期行为具有广泛的应用，如加速体系结构模拟[48]、动态调整处理器结构降低功耗[49]和支持编译器优化等[50-51]。程序周期行为包括两方面：执行路径的周期性重复和相对稳定的代码重复执行时间。

代码排布、软件插入预取指令和辨识程序周期行为等需要离线分析的方法都将程序路径信息作为输入[1-2,44]。传统的软件 profile 方法通过在软件中添加插桩代码获得程序执行信息。但在嵌入式处理器环境中，软件 profile 的巨大性能代价和存储耗费往往是难以接受的，并且这种入侵式方法的测量点越多对程序执行的影响就越大，因而难以准确获得程序执行的真实时间信息。片上 trace 是非入侵的调试技术，弥补了传统 profile 方法的不足。通过片上 trace 可以获得带有时间戳的程序执行路径，为代码排布和指令预取的结合使用提供了基础。

6.3.2　程序周期行为

将周期重复执行的程序代码称为周期程序段 C_{code}，其每次重复执行称为周期行为单元 C_{exe}，C_{exe} 重复 N_c 次构成程序的一个周期行为段。周期程序段是周期预取的基础，主要由循环结构产生[45]，嵌套循环结构产生层次的周期行为。当某周期程序段的代码长度超过 I-Cache 容量时，则不可避免地发生周期性的 Cache 替换。代码排布通常可以减少但不能完全消除此类替换，但周期行为中各代码段的确定执行顺序为预取提供了可能。

分析本章所用的测试程序，提取出代码长度超过 I-Cache 容量的周期程序段进行研究，其各类指标占总程序运行的比例如表 6.1 所示。表中对周期程序段的统计内容依次为代码长度、执行时间、I-Cache 失效和 PStall。设每个 C_{exe} 的执行时间为 ι，用 $\sigma(t)/E(t)$ 来度量 C_{exe} 执行时间的稳定性。将该稳定性度量指标一同列于表中，测试程序的描述已于表 3.3 给出。

表 6.1　测试程序及其周期程序段统计结果

测试程序	周期程序段描述	代码长度的周期段比例/%	执行时间的周期段比例/%	I-Cache 失效次数的周期段比例/%	PStall 的周期段比例/%	C_{exe} 执行时间的稳定性	整个程序的 PStall 比例/%
JpegE	仅有一个周期程序段	29	97.6	95.6	81.2	0.088	14.9
float FFT	两个周期程序段，研究超过 I-Cache 容量的第二个	34.4	46.1	98.5	95.5	0.024	13.0

（续表）

测试程序	周期程序段描述	代码长度的周期段比例/%	执行时间的周期段比例/%	I-Cache失效次数的周期段比例/%	PStall的周期段比例/%	C_{exe}执行时间的稳定性	整个程序的PStall比例/%
Lpc	五个周期程序段，研究超过 I-Cache 容量的第二个	23.3	27.3	32.0	31.4	0.009 9	25.7
Mpeg4E	两个周期程序段，研究超过 I-Cache 容量的第二个	44.1	99.1	99.9	99.9	0.108	43.8

6.3.3 执行周期预取

6.3.3.1 指令预取

实施预取操作的程序代码称为施取点，拥有该施取点的函数称为施取函数。预取操作的目标地址段称为其施取点或施取函数的受取段。本书以函数或函数的一部分作为受取段。为满足函数各种执行顺序的需要，一个施取函数可能拥有多个施取点，每个受取段也可能对应多个施取点和施取函数。

预取操作的时间关系如图 6.14 所示。最早允许预取点是允许施取点执行（发出预取请求）的最早时刻，即受取段将占用的 Cache 行不再被其他程序段使用的最早时刻。定义最早允许预取点与受取段代码开始执行的时间间隔为预取容限（Prefetch Interval，*PI*），施取点执行到受取段被取入 Cache 的时间间隔为预取传输时间（Prefetch Transfer Time，*PTT*）。施取点与受取段代码执行的时间间隔即为预取距离。

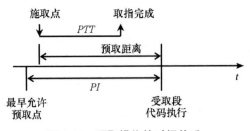

图 6.14　预取操作的时间关系

如图 6.15 所示，将预取请求按照其执行效果分为三类：及时预取、迟到预取和无效预取。

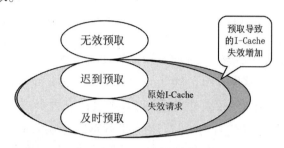

图 6.15　预取分类关系

及时预取是在使用指令之前完成的预取请求（取指完成早于受取段代码执行），完全隐藏了取指延迟；迟到预取是在使用指令之前未完成指令传输的预取请求（取指完成晚于受取段代码执行），减少了取指延迟；无效预取是预取的对象指令未被使用或在使用前已经被替换出 Cache（无受取段代码执行）。及时预取和迟到预取属于有效的预取，可看作将指令 Cache 的取指请求提前执行。无效的预取可能会增加指令 Cache 失效请求的数量。为实现及时预取，施取点执行应尽量靠近最早允许预取点。

6.3.3.2　周期预取

对程序周期行为的研究表明，周期重复的程序执行占有大部分程序执行时间。代码段 p 和 q 组成的周期程序段在 I-Cache[①] 中的代码排布和预取情况如图 6.16 所示。图 6.16（a）部分表示 p 和 q 在存储器中的原始排布及执行顺序，图 6.16(b)~(e)表示不同情况下 p 和 q 对 Cache 的使用。当 p 和 q 的代码总长 sum(L) 不大于 Cache 容量时，可通过代码排布消除 Cache 的冲突失效，排布前后的 Cache 使用情况分别如图 6.16（b）和（c）所示；当 sum(L) 大于 Cache 容量时，代码排布无法消除 Cache 的容量失效，但此时重复的代码执行顺序适于采用预取技术来减少失效。本书对周期程序段的预取称为周期预取。

当 Cache 容量为 3 行时，sum(L) 大于 Cache 容量，此时只有占用第三行的代码段会发生 Cache 行周期替换，如图 6.16（d）部分所示。处于 Cache 第三行的 q 代码段的最早允许预取点是该 Cache 行不再有 p 代码段使用的时刻，其

---

①　单路组相连的 Cache 结构能显著降低 Cache 的面积和功耗，为很多处理器所采用。代码排布技术大多针对此类 Cache 设计，本文也仅针对单路组相连指令 Cache 结构进行研究。

预取容限如图 6.16 中 PI_1 所示。PI_1 是由代码执行时间和代码排布两种因素决定的。代码段执行时间可以通过片上 trace 技术获得，并且在周期程序段中基本稳定。于是周期程序段的每种代码排布对应一种 Cache 周期使用模式，即确定了各预取容限。为保证获得足够的预取容限，需要设计面向 I-Cache 周期预取的代码排布算法（Code Layout for I-Cache Phase Prefetch，cLiPP，简称预取排布）。预取排布的效果如图 6.16（d）和（e）所示：排布前的 PI_1 很小，可能造成迟到预取，而 PI_2 较大可实现及时预取且尚有盈余；排布后尽管 $\sum PI'$ 没有变化，但 PI'_1 和 PI'_2 较为均匀，均可提供充足的预取时间。预取排布的目标是令发生周期性 Cache 替换的代码段之间获得更合理的 Cache 访问时间间隔。

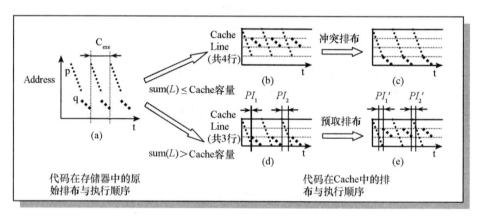

图 6.16　周期代码段在 Cache 中的排布示意

增加某部分代码的预取容限不可避免地会减少其他代码的预取容限。但在一定范围内，增加较小的预取容限可以有效支持预取，而减少较大的预取容限对预取效果的影响很小。足够大的预取容限不仅能保证预取及时完成，而且允许将函数作为受取段单位，从而极大减少预取指令的数量及其带来的各种开销。本书中的"增加预取容限"仅指增加较小的预取容限。

冲突排布与预取排布的区别在于：前者通过代码排布尽可能地减少总 Cache 失效次数，在空间上均匀使用 Cache；而后者不但要减少总 Cache 失效次数，更重要的是当 Cache 失效不可避免时，使那些频繁造成 Cache 替换的函数段的访问时间间隔均匀化，可看作在时间上均匀使用 Cache。

6.3.3.3　预取实现

以具有两级 Cache 结构的多核 DSP 为例。它具有两级 Cache 结构，一级
Cache 包括分离的 I-Cache 和 D-Cache（数据 Cache），二级 Cache 为指令数据
混合 Cache。I-Cache 结构为 128 行 ×32 字节，采用单路组相联结构。本书的
预取针对一级 Cache 实现，使用 TraceDo 系统获得程序执行路径及执行时间。

为 I-Cache 设计了预取控制寄存器（PrefetchCTL）和预取基地址寄存器
（PrefetchBaseAddr），其结构如图 6.17 所示。PrefetchBaseAddr 的 PBA_i 字段表
示 32 位预取地址的高 7 位，共设四个 PBA_i 字段以满足对不同程序地址段的预
取需要。为每个预取基地址设置了一个预取使能位 PEn_i，以便在不同的周期
程序段中允许或禁止预取。PBAsel 字段用于选择预取基地址，PreAddr 是预取
地址相对于该基地址的偏移，以 Cache 行为单位。PreAddr 字段与 PBA 字段配
合使用来指示受取段的地址。LineCnt 是以 Cache 行为单位的预取长度，最大
值为 128 行，即全部 I-Cache 容量。BuffClr 为预取缓冲清空位。

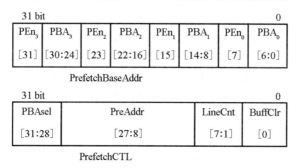

图 6.17　预取寄存器结构

对 PrefetchCTL 的写操作将启动一次预取请求，预取请求的优先级低于
I-Cache 和 D-Cache 对下一级存储器的正常请求。预取请求先被发送至预取缓冲
器。该缓冲器采用 FIFO 结构实现，最多可容纳 8 次预取请求。预取缓冲器溢
出时会取消队列中最早到达的请求。使用者也可通过 BuffClr 位直接清空预取
缓冲器。若预取目标行已在 Cache 中或 Cache 已经发出对该行的取指请求，则
取消对该行的预取，这种过滤机制有效减少了无效的预取开销。为了避免过滤
机制对多端口 Cache 的需要，采用同文献［41］的 lockup-free Cache 方式实现
过滤机制。

预取实施过程如下：程序初始化时设置预取基地址，仅在进入程序周期行
为段时使能预取。在参与排布的代码段中设置施取点，由 5 条普通的 DSP 指

令完成对 I-Cache 预取寄存器的一次写入操作。由于预取排布后得到的预取容限相对较大，在一定范围内调整施取点的位置并不影响预取效果，因此可以利用 VLIW 结构的空闲功能单元来实现预取功能，即寻找适当代码插入位置，使该 5 条指令与原有程序指令并行执行而不增加程序执行节拍。

代码排布需要各代码段的长度，但在代码排布后才能计算出预取地址并插入预取操作指令，而插入预取操作指令又会增加代码段长度。为避免代码段长度变化对代码排布结果的干扰，本书将所有施取函数的长度预先增加 8 条指令长度①后进行排布，在排布结束后再插入施取点。使用程序中控制周期行为的循环变量作为预取操作的条件执行控制，或直接由程序设置预取使能位 PEn_i，可保证在周期行为结束后不再进行无效预取。

6.3.4 面向周期预期的代码排布

cLiPP 针对程序周期行为中存在固定访问顺序的特点，仅排布周期程序段中各函数在存储器中的位置，使得对 Cache 冲突地址的访问间隔均匀化，以此允许尽早预取，达到减少 Cache 失效隐藏取指延迟的目的。与一般的冲突排布方法类似，cLiPP 的代码排布分为两个步骤：Cache 相对地址排布和 RAM 绝对地址排布。前一步骤确定各函数代码段在 Cache 中的相对位置；后一步骤保持这些相对位置关系，计算各函数代码段在 RAM 中的绝对地址。RAM 绝对地址排布的关键是尽量减少各代码段间的排布空隙，以减小占用的总存储空间。本章采用文献［33］介绍的方法实现 RAM 绝对地址排布。Cache 相对地址排布是代码排布的关键，本节对其进行深入讨论。

基于图 6.18 所示的简化例子介绍 cLiPP 算法原理，所用参数和符号如图 6.19 所示。

---

① 2 个施取点所需的操作指令长度，共占用 32 个字节。同一位置插入两个施取点只需 8 条指令。代码中相当数量的 NOP 也可替换为预取操作指令而不增加代码长度。即使如此，还可能因插入多条预取操作指令而需重新排布调整，但此特殊情况很少。

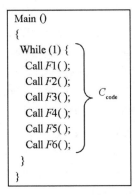

函数名	代码长度 （Cache 行）
Main(M)	2
$F1$	4
$F2$	2
$F3$	3
$F4$	3
$F5$	2
$F6$	3

图 6.18　预取程序示例

Cache 参数：

n_way：Cache 组织结构为 n 路组相联，$n = 1$

$CacheLineSize$：Cache 行容量，字节单位

$CacheSize$：Cache 容量，字节单位

$CacheLineNum$：Cache 行数量

$$CacheLineNum = CacheSize/(CacheLineSize \times n\_way)$$

$LineTransTime$：行预取传输时间，即将一个 Cache 行长度的指令代码从下一级存储器取入 I-Cache 的传输时间

符号：

N：周期行为单元中需要排布的独立段个数

$Prc_i(L_i, ExeCnt, \{ET_{ij}\}, QM_i, QC_i)$：第 i 个需要排布的独立段

L_i：Prc_i 代码长度+32 Byte，以 Cache 行为单位。32 Byte 为预取指令预留长度，并限制 $L_i < CacheLineNum$

$ExeCnt_i$：周期行为单元中 Prc_i 的执行次数

$\{ET_{ij}\}$：周期行为单元中 Prc_i 第 j 次执行的时间（去除 PStall），$j=1,2,\cdots, ExeCnt_i$

QM_i：Prc_i 在 RAM 存储器中的绝对地址

QC_i：Prc_i 在 Cache 中相对位置，$QC_i = QM_i \bmod CacheSize$

图 6.19　cLiPP 算法中的参数和符号[①]

---

①　当出现 $L_i \geqslant CacheLineNum$ 时，可剔除该 Prc_i 并以其为分界线，对前后执行的 Prc 分别实施排布算法。但这种 L_i 过大的情况很少出现。由于预取将减少甚至消除 PStall，为保证此时仍有足够的预取容限，所以在代码排布时去除了 PStall 的影响，即：$ET_i = Prc_i$ 的总执行时间 – Prc_i 执行期间 PStall 消耗的周期数。

cLiPP 的工作原理由指令 Cache 工作图（I-Cache Work Graph，CWG）给出，如图 6.20 所示。在 CWG 中，时间轴表示程序执行过程，纵轴（CacheLine 轴）表示 Prc 执行时占用的 Cache 行。以 Prc 为预取操作单元，每个 Prc 的最早允许预取点是该 Prc 所占用的 Cache 行被其他 Prc 最后释放的时刻，即 CWG 中 Prc 沿时间轴反向投影最早与其他 Prc 接触的时间点。如 $F5$ 的最早允许预取点由 $F2$ 决定，$F1$ 和 $F2$ 的最早允许预取点都由 $F5$ 决定。改变 Prc 的 QM 地址引起其 QC 地址的变化，在 CWG 中表现为该 Prc 沿 CacheLine 轴上下移动，引起预取容限（PI）的变化。PI 是最早允许预取点与受取段代码开始执行之间执行的所有 Prc 的执行时间和。由表 6.1 中 Phased Stability 栏可知，PI 具有一定的波动但基本稳定。cLiPP 的目的是通过调整 Prc 的 QM 地址，尽量使每个 Prc 都有足够的预取时间。

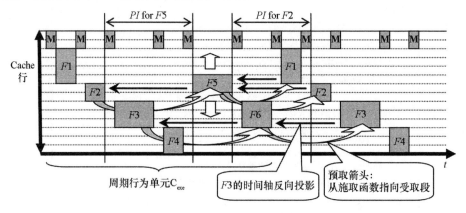

图 6.20　指令 Cache 工作图

排布算法的实质是从排布集合 $S = \{QC_1, QC_2, \cdots, QC_N\}$ 生成的状态空间中搜索具有足够小代价函数的一个状态。为比较不同排布 S 的优劣，基于对较长的受取段应提供较长的预取容限的思想，设计了代价函数 $f(S)$：

$$f(S) = \frac{N}{\sum\limits_{Prefecth \in S} Tiratio} \qquad (6.7)$$

其中，

$$TiRatio = \frac{PI}{PTT} = \frac{\sum ET_{ij}}{L_i \times LineTransTime} \qquad (6.8)$$

$f(S)$ 的含义是对于给定排布 S（或其子集）中的所有预取（由各施取点及对应受取段组成），预取容限与预取传输时间之比的平均值越大越好。当 Prc_i 加入排布 S 中时，令 QC_i 遍历每个 Cache 行，取具有最小 $f(S)$ 的 QC_i 作为 Prc_i

的最佳位置（QC_Opt）。在每个 Cache 行位置上，仅计算 Prc_i 冲突集 S_i 的 $f(S_i)$，以减少计算量。定义 Prc_i 的冲突集 S_i 如下：在排布 S 中所有与 Prc_i 可能存在 Cache 行替换的 Prc_i 的集合。S_i 中包括了受 Prc_i 影响的所有潜在施取点和潜在受取段。

遍历 S 生成的状态空间的计算复杂度为 $O(n^{CacheLineNum})$，因此设计了计算复杂度为 $O(n) \sim O(n^2)$ 的启发式搜索算法 cLiPP。cLiPP 分为首次排布和调整两个阶段。设 S 初始为 Φ，首次排布阶段将各 Prc_i 按首次排布顺序依次加入 S，对每个 Prc_i 都取其 QC_Opt 位置，最终得到 n 个 Prc 的初始排布 S_{ol}。首次排布顺序（Original Layout Order）是以各 Prc_i 的执行频率与其 L_i 的乘积为指标，由大至小的排列顺序。它决定了对 S 所有可能状态的初始搜索路径，可以保证预取次数多和 Cache 失效多的 Prc_i 优先得到排布。在调整阶段，在 S_{ol} 中重新计算各 Prc_i 冲突集的代价函数，而后对具有最大代价函数的 Prc_i 逐个调整，重新计算 QC_Opt。在调整阶段的所有搜索路径中选取最佳结果作为最终结果。cLiPP 的 Cache 相对地址排布算法如图 6.21 所示。

```
       /*首次排布阶段*/
(1)    Calculate Original Layout Order: sort {ExeCnti×Li}
(2)    S ← Φ
(3)    For each Prci in Original Layout Order
       /*遍历所有 Cache 行，选取具有最小代价函数的 QC 作为 QCi 的值*/
(4)        QC_Opt = { QC | Min{ f(S∪QCi)| QC =1,2,,, CacheLineNum } }
(5)        S ← (QCi = QC_Opt)
(6)    End For
       /*调整阶段*/
       /*选取代价函数较大的 Prci，按代价函数值从大至小的顺序重新调整排布，保留最好
       结果*/
(7)    For each Prci with ( {f(Si)|i=1,2,,,n} > Threshold )
       /*遍历 Original Layout Order 中排列顺序在 Prci 之前的所有 Prcj，保留最好结果*/
(8)        For each Prcj that is prior to Prci in Original Layout Order
           /*在{S−Prcj −Prci}中依次加入{Prci, Prcj}/{Prcj, Prci}，保留最好结果*/
(9)            Layout {Prci, Prcj} in {S−Prcj −Prci}
(10)           Layout {Prcj, Prci} in {S−Prcj −Prci}
(11)           Save best S in all Prcj
(12)       End For
(13)       Save best S in all Prci
(14)   End For
(15)   Output best S
```

图 6.21　cLiPP 的 Cache 相对地址排布算法

考虑有 m 个周期程序段的情况，第 i 个周期程序段和周期行为单元分别为 $C_{code\text{-}i}$ 和 $C_{exe\text{-}i}$，$C_{exe\text{-}i}$ 重复 $N_{C\text{-}i}$ 次。当各 $C_{code\text{-}i}$ 的程序代码段无交集时，单独排布各 $C_{code\text{-}i}$ 即可，当存在交集时，取所有 $C_{code\text{-}i}$ 拼接成 C_{com}。排列 C_{com} 中各代码段，增加各 $N_{C\text{-}i}$ 的比例作为权重计算首次排布顺序，对各 $C_{code\text{-}i}$ 独有的代码段仅计算其在 $C_{code\text{-}i}$ 内部的代价函数，属于交集的代码段也以各 $N_{C\text{-}i}$ 比例为权重计算代价函数。

本章提出的预取排布，是以尽量增加预取容限为目标进行的函数级代码排布，不仅适用于周期预取，而且有利于其他预取方法在周期程序段中增加预取容限，提高预取效果。周期预取的基础是程序周期行为。在功能固定的部分嵌入式应用中，程序的执行路径基本不受输入数据的影响，通过对程序源码的分析可知程序的周期行为是稳定的。周期预取对此类应用有可靠的性能保证。对于引起周期行为波动的代码段，应尽量单独放置在没有冲突的 Cache 行中，并避免设置预取或采用特殊方式设置预取。通过设置不同的基地址及其使能位，允许处于不同程序路径中的同一施取点有不同的受取段，也能在一定程度上辅助处理多周期段和周期波动问题。

6.3.5　性能评估与比较

在单个 DSP 核的 RTL 模型中添加 6.3.3.3 节所述预取机制的行为级描述，并添加实现 Next-N-line[40] 预取方法（$N=4$）。所用测试程序已于表 6.1 列出。实验过程如下：

（1）编译并链接原始测试程序，得到可执行的二进制程序代码；

（2）运行测试程序，由 TraceDo 获得带有时间戳的程序执行路径；

（3）提取周期程序段；

（4）Cache 相对地址的预取排布；

（5）RAM 绝对地址排布；

（6）在程序二进制代码中加入预取操作指令；

（7）重新链接并运行各程序段，得到预取结果；

（8）统计分析预取结果。

Next-N-line 预取在取指当前行的同时预取 N 行内的代码，常与其他复杂的预取方法共同使用。文献［40］的研究表明，Next-N-line 预取是大部分现有预取方法性能提高的原因。通过比较 Next-N-line（$N=2$、4、8）方法与 Target-Line、Wrong-Path 和 Markov 预取方法，实验结果显示，在 PStall 指标上，Next-N-line 预取（$N = 4$）比其他方法中的最好结果还少 1%。因此本书实验主要同 Next-N-line 预取方法（$N = 4$）进行对比。

以排布后的 Lpc 测试程序为例，添加了预取指示的指令 Cache 工作图片断如图 6.22 所示。通过路径 trace 可以获得可视化的指令 Cache 使用效果，便于用户进一步手工调整。

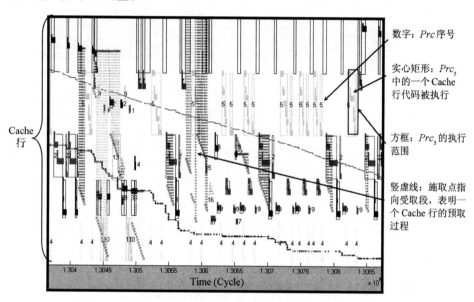

图 6.22　带有预取指示的指令 Cache 工作图

预取排布对预取容限的改善程度可用 Cache 行替换间隔（Cache Line Replace Interval，CRI）量化。CRI 记录了同一 Cache 行连续发生两次替换的时间间隔。预取排布前后程序周期行为段中的 CRI 分布统计如图 6.23 所示。从图 6.23 中可以看出，处于 0～150 Cycle 的 CRI 数量明显减少，预取排布能够有效增加预取容限。

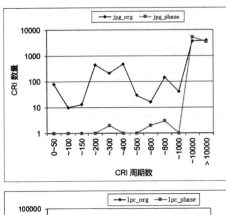
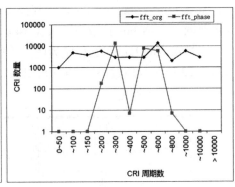
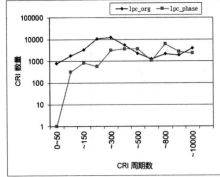
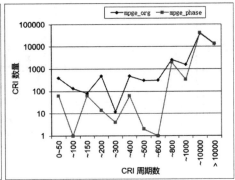

图 6.23　Cache 行替换间隔的统计分布

　　在所考察的程序周期行为段内的周期预取效果如表 6.2 所示，包括剩余失效、及时预取、迟到预取和无效预取四项指标与仅预取排布下的原始 I-Cache失效（Original I-Cache Miss，OIM）之比。在程序全部运行时间内各方法对I-Cache失效率的改善效果如表 6.3 所示，依次为原始排布、冲突排布（Gloy 方

表 6.2　周期预取结果

测试程序 （仅周期程序段）	剩余失效/OIM	及时预取/OIM	迟到预取/OIM	无效预取/OIM
JpegE	5.29%	95.8%	0.98%	14.0%
float FFT	3.21%	97.4%	0	25.4%
Lpc	17.9%	89.9%	3.63%	11.4%
Mpeg4E	11.6%	94.6%	0	19.4%

法)[33]、Next-N-line 预取、仅周期预取（采用顺序排布）、仅预取排布和预取排布并周期预取。实验结果表明，预取排布和周期预取的结合使用对 I-Cache 失效率有较显著的改善，相比 Next-N-line 预取将 I-Cache 失效率降低了 50%。

表 6.3　I-Cache 失效率

测试程序	原始排布/%	冲突排布/%	Next-N-line 预取/%	仅周期 预取/%	仅预取 排布/%	预取排布并 周期预取/%
JpegE	1.44	1.27	0.34	1.73	1.39	0.31
float FFT	8.95	0.07	1.87	0.17	5.21	0.17
Lpc	23.8	9.06	6.43	7.35	9.81	4.43
Mpeg4E	10.2	10.2	3.53	3.20	10.0	1.21
平均值	11.10	5.15	3.04	3.11	6.60	1.53

6.4　本章小结

本章首先介绍了片上 trace 技术的应用范围，而后主要从多核程序优化和路径 trace 支持的预取排布两个方面研究了片上 trace 的应用技术。

多核处理器中同时有多个程序并行执行，程序行为具有并发性和实时性，基于程序断点和插桩代码的传统手段难以满足调试的需求。片上 trace 采用专用硬件和可视化界面提供非入侵的实时追踪调试，辅助软硬件开发人员获得对嵌入式多核处理器系统运行的深入和清晰理解，从而易于解决片上并行处理中的动态性、复杂性和不确定性。当前，国内外对片上 trace 的研究多集中于片上硬件的结构设计，本章给出片上 trace 辅助多核程序分析和调优的具体应用实例，有一定的参考意义。

由循环结构产生的周期程序段在嵌入式应用程序中占有相当的比例。本章针对单路组相联的指令 Cache 存储结构，通过添加指令预取机制，结合使用代码排布技术，可有效减少周期程序段的指令 Cache 失效。片上 trace 调试技术非入侵地提供带有时间戳的程序路径，为排布技术和预取技术的结合使用提供了实现基础。

参 考 文 献

[1] Gupta R, Mehofer E, Zhang Y. Profile guided compiler optimizations. [EB/OL]. [2021 – 03 – 18]. https://www. researchgate. net/publication/2489798_Profile_Guided_Compiler_Optimizations.

[2] Ball T, Larus J R. Using paths to measure, explain, and enhance program behavior[J]. Computer, 2000, 33(7): 57 – 65.

[3] Calder B, Feller P, Eustace A. Value profiling[C]//Proceedings ofthe 30th Annual International Symposium on Microarchitecture. IEEE, 1997: 259 – 269.

[4] Zhang X, Gupta R. Whole execution traces [C]//Proceedings ofthe 37th International Symposium on Microarchitecture. IEEE, 2004: 105 – 116.

[5] Robert C M. 软件调试思想：采用多学科方法[M]. 尹晓峰, 马振萍, 译. 北京：电子工业出版社, 2004.

[6] 周庆华. 逻辑分析仪在嵌入式开发调试中的应用[J]. 国外电子测量技术, 2003, 22(4): 2 – 4

[7] Bodik R, Gupta R, Soffa M L. Complete removal of redundant expressions [J]. ACM SIGPLAN Notices, 1998, 33(5): 1 – 14.

[8] Gupta R, Berson D A, Fang J Z. Path profile guided partial redundancy elimination using speculation [C]//Proceedings of the 1998 International Conference on Computer Languages. IEEE, 1998: 230 – 239.

[9] Gloy N, Smith M D. Procedure placement using temporal-ordering information [J]. ACM Transactions on Programming Languages and Systems, 1999, 21 (5): 977 – 1027.

[10] Jacobson Q, Rotenberg E, Smith J E. Path-based next trace prediction [C]//Proceedings ofthe 30th Annual International Symposium on Microarchitecture. IEEE, 1997: 14 – 23.

[11] Bruegge B, Hibbard P. Generalized path expressions: a high-level debugging mechanism[J]. Journal of Systems and Software, 1983, 3(4): 265 – 276.

[12] Nejmeh B A. NPATH: a measure of execution path complexity and its applications[J]. Communications of the ACM, 1988, 31(2): 188 – 200.

[13] Taniguchi K, Ishio T, Kamiya T, et al. Extracting sequence diagram from

execution trace of Java program[C]//Proceedings of the Eighth International Workshop on Principles of Software Evolution. IEEE, 2005: 148 – 151.

[14]　Reps T, Ball T, Das M, et al. The use of program profiling for software maintenance with applications to the year 2000 problem[C]//Proceedings of ESEC/FSE 97: Lecture Notes in Computer Science, 1997.

[15]　Clarke L A, Podgurski A, Richardson D J, et al. A formal evaluation of data flow path selection criteria[J]. IEEE Transactions on Software Engineering, 1989, 15(11): 1318 – 1332.

[16]　Clarke L A. A system to generate test data and symbolically execute programs [J]. IEEE Transactions on Software Engineering, 1976 (3): 215 – 222.

[17]　Zhang Y, Gupta R. Data compression transformations for dynamically allocated data structures [C]//Proceedings of International Conference on Compiler Construction, 2002.

[18]　Lipasti M H, Shen J P. Exceeding the dataflow limit via value prediction [C]//Proceedings of the 29th Annual IEEE/ACM International Symposium on Microarchitecture. IEEE, 1996: 226 – 237.

[19]　Yang J, Gupta R. Frequent value locality and its applications[J]. ACM Transactions on Embedded Computing Systems, 2002, 1(1): 79 – 105.

[20]　Rubin S, R Bodík, Chilimbi T. An efficient profile-analysis framework for data-layout optimizations[J]. ACM SIGPLAN Notices, 2002, 37(1):140 – 153.

[21]　Chilimbi T M, Hirzel M. Dynamic hot data stream prefetching for general-purpose programs[C]//Proceedings of the ACM SIGPLAN 2002 Conference on Programming Language Design and Implementation, 2002: 199 – 209.

[22]　Joseph D, Grunwald D. Prefetching using markov predictors [C]// Proceedings of the 24th annual international symposium on Computer architecture, 1997: 252 – 263.

[23]　ARM CoreSight STM-500 System Trace Macrocell Technical Reference Manual[EB/OL]. [2020 – 04 – 25]. https://developer. arm. com/ documentation/ddi0528/b/preface.

[24]　PDtrace[TM] interfacespecification[EB/OL]. [2020 – 04 – 25]. https://www. doc88. com/p – 2502492757701. html? r = 1.

[25]　Kranzlmüler D, Grabner S, Volkert J. Event graph visualization for debugging large applications [C]//Proceedings of the SIGMETRICS

Symposium on Parallel and Distributed Tools, 1996: 108 – 117.

[26] Goldberg A J, Hennessy J L. Mtool: an integrated system for performance debugging shared memory multiprocessor applications[J]. IEEE Transactions on Parallel and Distributed Systems, 1993, 4(1): 28 – 40.

[27] ARM[EB/OL]. [2020 – 04 – 25]. http://www. arm. com.

[28] Kao C F, Lin C H, Huang J. Configurable AMBA on-chip real-time signal tracer [C]//Proceedings of Asia and South Pacific Design Automation Conference. IEEE, 2007: 114 – 115.

[29] Kao C F, Huang I J, Lin C H. An embedded multi-resolution AMBA trace analyzer for microprocessor-based SoC integration [C]//Proceedings of the 44th annual Design Automation Conference, 2007: 477 – 482.

[30] 蒋增荣, 曾永泓, 余品能. 快速算法[M]. 长沙: 国防科技大学出版社, 1998.

[31] 王耀华. FFT 算法在异构多核 DSP 上的映射[D]. 长沙: 国防科技大学, 2007.

[32] Pettis K, Hansen R C. Profile guided code positioning[J]. ACM SIGPLAN Notices, 1990, 25(6):16 – 27.

[33] Gloy N, Smith M D. Procedure placement using temporal-ordering information[J]. ACM Transactions on Programming Languages and Systems, 1999, 21(5): 977 – 1027.

[34] Hashemi A H, Kaeli D R, Calder B. Efficient procedure mapping using cache line coloring[J]. ACM SIGPLAN Notices, 1997, 32(5): 171 – 182.

[35] Kalamationos J, Kaeli D R. Temporal-based procedure reordering for improved instruction cache performance [C]//Proceedings of the Fourth International Symposium on High-Performance Computer Architecture. IEEE, 1998: 244 – 253.

[36] Smith A J. Sequential program prefetching in memory hierarchies [J]. Computer, 1978, 11(12): 7 – 21.

[37] Hsu W C, Smith J. Prefetching in supercomputer instruction caches[C]// Proceedings of Supercomputing Conference, 1992: 588 – 597.

[38] Pierce J, Mudge T. Wrong-path instruction prefetching[C]//Proceedings of the 29th Annual IEEE/ACM International Symposium on Microarchitecture. MICRO 29, 1996: 165 – 175.

[39] Joseph D, Grunwald D. Prefetching using markov predictors[J]. IEEE Transactions on Computers, 1999, 48(2): 121 – 133.

[40] Luk C, Mowry T C. Architectural and compiler support for effective instruction prefetching: a cooperative approach[J]. ACM Transactions on Computer Systems, 2001, 19(1): 71 – 109.

[41] 沈立, 王志英, 鲁建壮, 等. 基于控制流的混合指令预取[J]. 电子学报, 2003, 31(8): 1141 – 1144.

[42] Xia C, Torrellas J. Instruction prefetching of systems codes with layout optimized for reduced cache misses[C]//Proceedings of the 23rd Annual International Symposium on Computer Architecture, 1996: 271 – 282.

[43] Puzak T R, Hartstein A, Emma P G, et al. When prefetching improves/degrades performance[C]//Proceedings of the 2nd conference on Computing Frontiers, 2005: 342 – 352.

[44] Lau J, Perelman E, Calder B. Selecting software phase markers with code structure analysis[C]//Proceedings of International Symposium on Code Generation & Optimization. IEEE, 2006: 135 – 146.

[45] Cho C B, Li T. Complexity-based program phase analysis and classification[C]//Proceedings of the 15th International Conference on Parallel Architectures and Compilation Techniques, 2006: 105 – 113.

[46] Shen X, Zhong Y, Ding C. Locality phase prediction[J]. ACM SIGPLAN Notices, 2004, 39(11): 165 – 176.

[47] Sherwood T, Sair S, Calder B. Phase tracking and prediction[J]. ACM SIGARCH Computer Architecture News, 2003, 31(2): 336 – 349.

[48] Sherwood T, Perelman E, Hamerly G, et al. Automatically characterizing large scale program behavior[J]. ACM SIGPLAN Notices, 2002, 37(10): 45 – 57.

[49] Dhodapkar A S, Smith J E. Managing multi-configuration hardware via dynamic working set analysis[C]//Proceedings 29th Annual International Symposium on Computer Architecture. IEEE, 2002: 233 – 244.

[50] Merten M C, Trick A R, Barnes R D, et al. An architectural framework for runtime optimization[J]. IEEE Transactions on Computers, 2001, 50(6): 567 – 589.

[51] Barnes R D, Nystrom E M, Merten M C, et al. Vacuum packing:extracting

hardware-detected program phases for post-link optimization [C]// Proceedings of 35th Annual IEEE/ACM International Symposium on Microarchitecture, 2002: 233 – 244.

第7章 程序控制流错误的 检测方法：V-CFC

　　片上 trace 技术可以记录程序执行的路径（控制流），但需要离线才能分析控制流错误，而此时经常已经错过故障发生的时刻，无法完整保护现场。在线执行的控制流错误检测技术则可实时发现运行阶段发生的硬件故障。

　　一般来说，嵌入式系统出于对成本和功耗的考虑要求错误检测的硬件开销和性能损失都尽量小。针对这种应用需求，结合 VLIW 的结构特点，本章提出一种基于特征值监督和软硬件结合的程序控制流错误检测方法 V-CFC（VLIW Control Flow Checking）。V-CFC 以基本块为单位，通过对指令码作层次压缩得到指令特征值，检查指令特征值保证了各基本块内部指令执行的完整性和正确性；通过静态代码分析或动态特征值修正指令从程序中获得分支特征值，检查分支特征值保证了基本块执行序列的正确性。该方法利用 VLIW 结构的空闲指令槽并行执行弱位置约束的特征值指令，降低了对程序性能的影响，能有效检测多种类型的控制流错误和指令码的位翻转错误，故障覆盖率高，硬件代价合理。

　　当 V-CFC 应用于 DSP 芯片时，根据检测到的控制流错误类型，可以触发保存运行现场的软硬件措施，比如触发软件中断服务程序保存现场或触发外部测试设备抓取芯片端口信号；也可应用于多核处理器，各处理器核通过各自独立的 V-CFC 模块对自身控制流实施错误检测。若检测到错误发生，则将错误类型发送至其他处理器核，由其他处理器核执行对出错核的软件回退或硬复位操作。当同一故障反复出现时，则可判断出现永久硬件失效，采取屏蔽失效的处理器核等措施对系统功能进行重新配置。

　　本章首先分析了程序控制流错误，将 V-CFC 方法同相关研究进行了比较，然后详细介绍了 V-CFC 方法的原理，最后分别给出了软硬件实现和性能评估的结果。

7.1 程序控制流错误及检测

7.1.1 概述

控制流错误是程序指令执行流发生同正常执行流的偏离，多种硬件故障可能导致控制流错误。控制流处理故障可能发生在分支指令执行、取指地址计算和取指执行等部分硬件电路中。如前文所述，在不产生歧义的情况下，本章将不再细致区分故障和它引起的错误。

一般通过比较预先生成的特征值和运行时动态生成的特征值是否一致，来判断是否发生控制流错误，这种错误检测方法称为特征值监督。根据获取方式的不同，特征值可分为分配特征值（Assigned Signature）和自然特征值（Derived Signature）两类。绝大多数 SW-CFC 使用分配特征值，即为每个程序段人为指定某个数值作为特征值，因而容易保证特征值的唯一性。有硬件支持的 HW-CFC 和 SH-CFC 可以方便地提取程序段的自然特征作为其特征值标识。自然特征值可以利用指令码信息[1-5]、执行时间信息[6-7]、地址信息[2,7-8]和指令发射统计信息[9]等。CFC 技术的常用评价指标有以下五项：故障检测覆盖率、故障检测延迟、处理器性能开销、存储器开销和硬件代价。

7.1.2 控制流错误类型分析

考虑 VLIW 处理器可并行执行多条指令的特点，将每个并行执行的指令包称为执行包。因此将基本块（Basic Block，BB）定义为：从第一个执行包开始进入执行而从最后一个执行包离开的最大指令序列。在基本块 i 之后可能立即执行的基本块称为 i 的后继基本块（Suc_Block）。一个基本块可有多个后继基本块。基本块内最多只含有一条分支指令（Exit-Branch），含有分支指令的基本块称为分支型基本块（Branch_BB）。考虑到分支延迟槽的存在，Branch_BB 的最后一个执行包一定处于分支指令的最后一个分支延迟槽内。不含有分支指令的基本块称为非分支型基本块（BranchFree_BB）。产生 BranchFree_BB 的原因是在存储地址中它的下一个执行包是某分支的目的地址。Exit-Branch 成功的控制流路径记为 Y-path，不成功的控制流路径记为 N-path。

以多核 DSP 的体系结构为例，按基本块的控制流转移类型将基本块分为五类，如表7.1 所示。

表 7.1 基本块类型

基本块类型		基本块出口描述	后继基本块描述
Branch_BB	BC_BB	BC：直接分支； 常数目的地址； Call，If-else	数量 = 1； 编译时已知
	BR_BB	BR：间接分支； 寄存器目的地址； Return，Switch	数量 ≥ 1； 编译时可能已知
	IBC_BB	IBC：条件直接分支； 常数目的地址； Loop，If	数量 = 2； 编译时均已知
	IBR_BB	IBR：条件间接分支； 寄存器目的地址； Return，Switch	数量 ≥ 2； 已知分支未成功时的后继基本块； 编译时可能已知其余后继基本块
BranchFree_BB		无分支指令	数量 = 1； 编译时已知，即地址空间中的下一基本块

发生控制流错误时，程序可能发生从任意位置到另一任意位置的控制流转移。根据错误控制流转移的起点和终点的不同，并结合文献［10］和［11］的研究，本书给出一种较为全面的 CFE 分类。

将 CFE 分为如下五大类十五种类型，并由如图 7.1 所示基本块执行关系给出：

（1）基本块到其后继基本块的错误路径，如 BB_i 到 BB_j 的 CFE-1 ~ CFE-4 路径。其中 CFE-1 为执行条件错误，表明 BB_i 到 BB_j 有正常分支路径时，由于发生了故障，控制流违背分支条件的指示，应该转移却未转移，或者不应转移却发生了转移[12]。

（2）基本块到其非后继基本块的错误路径，如 BB_j 到 BB_p 的 CFE-5 ~ CFE-8 路径。

（3）基本块到其自身的错误路径，如 BB_q 到自身的 CFE-a ~ CFE-d 路径。

（4）基本块到非程序地址空间路径，如从 BB_p 出发的 CFE-9 和 CFE-10 路径。

（5）流水线死锁导致程序不再执行的错误 CFE-e。

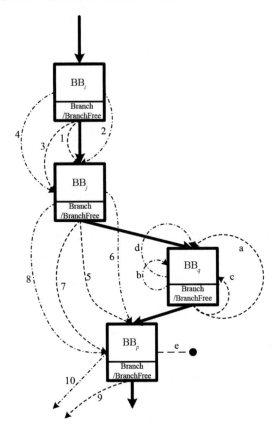

图 7.1　控制流错误类型 CFE-1 ~ CFE-e

从成因分析，CFE 可能来自分支目标地址、分支条件位或程序指针[13]。其中 CFE-1/3/5/7/9/a/c 属于分支指令故障，即执行分支时发生的故障，如错误的分支方向或错误的分支目的地址。CFE-2/4/6/8/10/b/d 属于非分支指令故障，即执行非分支指令时发生控制流转移，如非分支指令产生了分支行为或 PC 寄存器发生故障。CFE-e 可能在任何指令处发生，如流水线死锁或通信死锁。基于 SPEC 测试程序，Borin 研究了部分分支指令故障发生的比例[12]，如表 7.2 所示。结果表明，CFE-7 占绝大部分比例，其次是 CFE-1/c，而 CFE-5/a 的比例很小。

表7.2　各分支指令故障发生比例

分支指令故障类型	故障比例/%	
	SPEC-Int	SPEC-Fp
CFE-1	20.71	17.33
CFE-a	0.41	0.03
CFE-c	2.22	16.98
CFE-3/5	4.04	1.52
CFE-7	72.62	64.14
合计	100.00	100.00

　　CFE 类型中从基本块中部出发到达另一基本块的任意位置，以及从基本块的任意位置出发到达另一基本块中部的错误路径都称为基本块边界破坏的控制流错误（Break_CFE），而从基本块出口到基本块入口（起始指令地址）的错误路径称为基本块边界完整的控制流错误（B2B_CFE）。V-CFC 采用基于指令码压缩的指令特征值来检查 Break_CFE（CFE-2/3/4/6/7/8/b/c/d），采用基于动态特征值修正指令的分支特征值来检查 B2B_CFE（CFE-1/5/a/9），对不能通过设置检查点检查的 CFE-10/e 采用低耗费的专门硬件检查。

7.1.3　相关研究

　　Schuette 提出利用 VLIW 结构处理器的空闲运算资源执行 CFC 操作[14]，这种纯软件执行 CFC 的方法需要增加较多的代码而空闲资源有限，因此限制了特征值设置点和检查点的数目，使得故障覆盖率较低。Chen 在一款 6 发射的 VLIW 结构处理器中实现了 HSM（Hybrid Signature Monitoring）方法[15]。HSM 方法用奇偶校验位作为水平特征值以缩短故障检测延迟，用相邻指令码的码位顺序关系生成垂直特征值以增加故障覆盖率。但生成垂直特征值需对所有指令码位进行连续的串行操作，降低了可扩展性，难以应用于更高速和更长指令字的处理器。Chen 使用 32 位长的特征值，通过将特征值限定在程序代码的特殊位置避免了额外的标识位，这种位置限定使得该方法无法利用 NOP 指令传输特征值。这种方法无法检测分支目的地址恰好是特征值位置的错误控制流转移，也无法检测某种情况下 PC 寄存器发生的位故障。在 V-CFC 中设计了层次化的特征值计算方法，该方法的硬件耗费小、速度快且可扩展性好。V-CFC 的特征值指令与 NOP 指令兼容，具有弱位置约束的特点，可在一定程序范围内利用空闲指令槽或 NOP 指令位置，减小性能损失和代码开销。V-CFC 将指令特征值和分支特征值一并考虑，保证了错误的检测范围。

一些早期 SH-CFC 方法[4-5]没有考虑对间接分支控制流进行检测。Li 直接提取分支执行结果来调整不同分支路径的特征值[16]，但由于没有从条件寄存器获得分支结果，因此无法检测执行条件错误（CFE-1）。Borin 采用纯软件方式直接从相应的寄存器中读取分支结果，并将其嵌入预期特征值[12]。该方法可检查执行条件错误，对每个条件分支需插入五条指令，每个间接分支需要两条指令。V-CFC 通过设计两条动态特征值修正指令，以很小的硬件代价实现了相同功能，而只需各插入一条指令。

Ohlsson 的方法与 V-CFC 最为接近，同样采用特征值检测指令码的位翻转故障，并检测后继的分支目的地址[2]。但同 Li[16]类似，Ohlsson 也通过从分支结果中提取分支执行条件和目标地址偏移来处理条件分支，因而无法检测分支指令的执行条件错误和指令码中分支偏移字段的位翻转错误。该方法在处理间接分支时，若其目的地址不可获得，则取消监督分支目的地址。V-CFC 从源代码中静态提取编译时已知的条件分支目标地址偏移；对静态无法获得的执行信息（条件分支和间接分支的结果），则通过动态特征值修正指令，运行时从储存分支条件执行位和分支目的地址的寄存器中动态读取，因此当该寄存器中没有发生数据流错误时即可正确检测控制流错误。虽然在处理以上情况时本书方法需多插入一条指令，但该指令在 VLIW 结构中并行执行，因而带来的开销很小，并且通过替换 NOP 指令和设置路径特征值可进一步降低插入指令数量。

7.2　V-CFC 方法

7.2.1　概述

本书的控制流错误检测以程序基本块为单位进行，在每个基本块的出口比对预期特征值 *Expect_Signature* 和硬件监测器（Hardware Monitor）计算的实际特征值 *Practical_Signature*，如图 7.2 所示。预期特征值包含两部分：从指令执行序列中静态得到的基本块特征值 $E\_BBInsSig$ 和决定后继基本块的分支特征值 $E\_BranchSig$。实际特征值也由对应部分组成：运行中从流水线实际执行的指令码中计算的特征值 $P\_BBInsSig$ 和分支后程序的实际转移地址 $P\_BranchSig$。

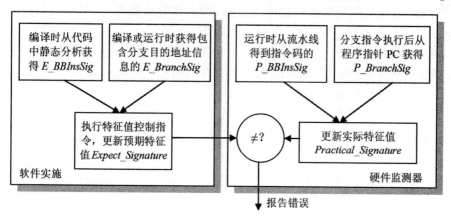

图 7.2　特征值比对原理

7.2.2　层次化特征值

指令特征值 $BBInsSig$ 记录了基本块的指令执行序列，具有基本块身份标识码和校验码的双重功能。预期的 $BBInsSig$ 从代码中静态分析获得，实际的 $BBInsSig$ 在运行时由硬件监测器从流水线中计算得到。特征值作为基本块的身份标识码，理想情况下每个基本块应具有各不相同的特征值。基本块的自然特征值出现相同的现象称为特征值混淆。特征值作为基本块的指令校验码，对单个位错误和多位错误都应具有一定的检错能力。

字长和生成方式是特征值的两个设计要素，应满足指令特征值的双重功能。v 位长特征值的编码容量为 2^v，为了减少混淆应增加特征值字长 v[1]，但 v 受限于 32 位指令码允许存储的特征值长度。也可采用两条指令传送一个特征值，但这样大大增加了插入指令的数量。V-CFC 采用了 16 位特征值，其编码容量为 $64k$（即 2^{16}），足以应对一般嵌入式软件的需求。在 7.4 节使用测试程序对不同特征值长度的混淆程度进行了实验分析。

从基本块的指令执行序列中提取特征值的常用压缩函数有：异或操作（XOR，$\oplus$）[2]、循环移位[4] 以及校验和（CheckSum）[3] 等。因此为 V-CFC 设计了相应的三种层次化的特征值压缩函数 H，以便进行实验比较分析。根据基本块层次的实现方式不同，将其分别记为 $H(\oplus)$、$H(<<\oplus)$ 和 $H(+)$。

（1）在指令码层次，将指令码的低 16 位与高 16 位相异或，得到字特征值 $16Ins$。

（2）在执行包层次，将包内所有的 $16Ins$ 作异或操作得到执行包特征值 $PagSig$。

（3）在基本块层次，设块内有 n 个执行包，其第 i 个执行包的特征值为 $PagSig_i$，则指令特征值 $BBInsSig$ 有三种实现方式：

①异或函数 $H(\oplus)$

$$BBInsSig = PagSig_1 \oplus PagSig_2 \oplus \cdots \oplus PagSig_n \qquad (7.1)$$

②移位异或函数 $H(<<\oplus)$

$$BBInsSig = (\cdots((PagSig_1 << \oplus PagSig_2) << \oplus PagSig_3)\cdots << \oplus PagSig_n)$$

$$= (PagSig_1 << (n-1)) \oplus \cdots (PagSig_i << (n-i))\cdots \oplus (PagSig_n)$$

$$\qquad (7.2)$$

式中，"$<<$" 为循环左移数位的操作，"$<<\oplus$" 为循环左移一位再异或。

③校验和函数 $H(+)$

$$BBInsSig = PagSig_1 + PagSig_2 + \cdots + PagSig_n \qquad (7.3)$$

式中，"$+$" 为模 2^{16} 加法。

分支特征值 $BranchSig$ 用于指示 Branch_BB 基本块的正确后继基本块。对预期特征值，设 Branch_BB 基本块的分支目的地址（即后继基本块的起始地址）为 BranchTargetAddr，将其高 16 位与低 16 位异或得到 $BranchSig$。对 BC 和 IBC 分支，在编译时直接提取 BranchTargetAddr；对 BR 和 IBR 分支，如果 BranchTargetAddr 需在程序运行中才能确定，则在运行时从分支目标寄存器读取，否则编译时直接提取该值。对实际特征值，从分支执行后的 PC 值中得到 $BranchSig$。

最终的基本块特征值 $BB\_Signature$ 为：

$$BB\_Signature \leftarrow BBInsSig \oplus BranchSig \qquad (7.4)$$

特征值 $BB\_Signature$ 提供以下双重错误检测功能：

（1）提供基本块指令码执行的预期结果 $BBInsSig$，以检查指令码的位翻转故障，并针对 Break_CFE 类型错误检查基本块执行的完整性。

（2）提供后继基本块的预期结果 $BranchSig$，针对 B2B_CFE 类型错误检查基本块之间的正确执行路径。

由特征值指令和硬件监测器分别得到的 $BB\_Signature$，分别用于更新存储预期特征值的寄存器 $SoftSigReg$ 和存储实际特征值的寄存器 $HardSigReg$：

$$SoftSigReg \leftarrow BB\_Signature \oplus SoftSigReg \tag{7.5}$$

$$HardSigReg \leftarrow BB\_Signature \oplus HardSigReg \tag{7.6}$$

以 $H(<< \oplus)$ 为例的特征值计算过程如图 7.3 所示。

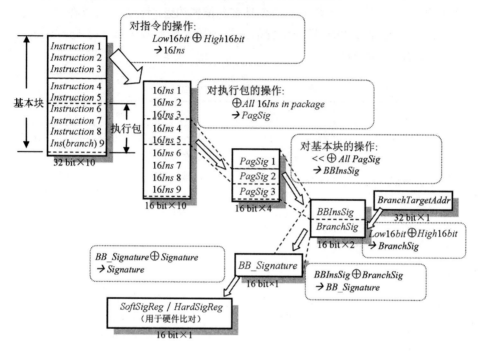

图 7.3　V-CFC 的特征值计算过程

7.2.3　特征值指令

存储和传输特征值的方式有：协处理器指令（针对看门狗协处理器）、NOP 等效指令、专门特征值指令和增加指令码标签等[17]。指令码标签需要增加存储器宽度而对体系结构影响较大，因此在 V-CFC 中没有考虑这种方式。针对 VLIW 结构处理器代码中 NOP 指令较多的特点，设计了与 NOP 指令兼容的特征值指令。该特征值指令将包含控制流冗余信息的预期特征值 *Expect_Signature* 传输至硬件监测器，并在分支后触发硬件监测器进行特征值比对。

为了减小增加的代码长度，在满足故障覆盖率和故障检测延迟的要求下，应尽量减少程序中添加的特征值指令数目。在 V-CFC 中设计了弱位置约束的三条特征值指令，如表 7.3 所示。其中，SendSig 是基本的特征值指令，提供基本的预期特征值（主预期特征值）并触发特征值比对；SendSig_y 和 SendSig_Ry 是动态特征值修正指令，根据基本块类型和程序路径对主预期特征值进行补充修正。为避免特征值指令自身对特征值的影响，计算 *BBInsSig* 时特征值指令被忽略。三条特征值指令具有弱位置约束的特点，可以在一定范围内寻找空闲指令槽或 NOP 指令位置插入指令码，因此极大减小了处理器的性能损失和代码长度开销。

表 7.3　特征值指令功能描述

指令	功能	描述
[*SSRU*] *SendSig* (*ConstSig*)	If (*SSRU* = 1) { *ConstSig* ⊕*SoftSigReg* →*SoftSigReg* *SSRU* = 0 }	*SSRU*：*SoftSigReg* 的更新使能位；*SSRU* 在特征值比对后自动恢复使能（*SSRU* = 1） *ConstSig*：16 位常数，编译时从 Exit-Branch 的 *N*-path 中获得（IBC/IBR）；编译时从唯一路径中获得（BC） 指令位置：整个基本块范围
[*IB_CReg*] *SendSig_y* (*ConstSig_n2y*)	If (*IB_CReg* = 1) { *ConstSig_n2y* ⊕*SoftSigReg* →*SoftSigReg* }	*IB_CReg*：Exit-Branch 的条件执行寄存器 *ConstSig_n2y*：16 位常数，将 *ConstSig* 从 *N*-path 修正至 *Y*-path 指令位置：该 *IB_CReg* 有效的代码段
[*IB_CReg*] *SendSig_Ry* (*RegID* , *ConstSig_Ry*)	If (*IB_CReg* = 1) { *BranchSig* from *Reg* ⊕*ConstSig_Ry* ⊕*SoftSigReg* →*SoftSigReg* }	*IB_CReg*：Exit-Branch 的条件执行寄存器 *RegID*：5 位寄存器 ID，存储 Exit-Branch 间接分支目的地址 *ConstSig_Ry*：16 位常数，将 *ConstSig* 修正至 *RegID* 决定的路径 指令位置：该 *IB_CReg* 有效的代码段

（1）对 BC 型基本块和具有唯一后继基本块的 BR 型基本块，可在编译时获得 *BranchSig*。因此设置一条 *SendSig* 指令即可，该指令包括对唯一后继基本块的检测。

$$BB\_Signature = ConstSig \tag{7.7}$$

$$ConstSig = BBInsSig \oplus BranchSig \tag{7.8}$$

（2）对后继基本块存在两种可能的 IBC 型基本块，设置 *SendSig* 指令以检测分支不成功时的后继基本块；设置仅分支成功时执行的 $SendSig\_y$ 指令，通过 $ConstSig\_n2y$ 对 $SendSig$ 指令设置的 $ConstSig$ 加以修正，以检测分支指令成功时的后继基本块是否合法。由 $BranchSig_y$ 和 $BranchSig_n$ 分别表示分支成功和不成功时的分支特征值。

即当分支不成功时应有

$$BB\_Signature = ConstSig \qquad\qquad (7.9)$$

$$ConstSig = BBInsSig \oplus BranchSig_n \qquad\qquad (7.10)$$

而分支成功时则由于 SendSig_y 指令的执行下式：

$$BB\_Signature = ConstSig \oplus ConstSig\_n2y = BBInsSig \oplus BranchSig_y \quad (7.11)$$

得到 $ConstSig\_n2y$：

$$ConstSig\_n2y = ConstSig \oplus BB\_Signature \qquad\qquad (7.12)$$

$$\rightarrow ConstSig\_n2y = BBInsSig \oplus BranchSig_n \oplus BBInsSig \oplus BranchSig_y \quad (7.13)$$

$$\rightarrow ConstSig\_n2y = BranchSig_n \oplus BranchSig_y \qquad\qquad (7.14)$$

（3）对后继基本块存在两种或两种以上可能的 BR 型基本块，设置 $SendSig$ 指令仅提供 $BBInsSig$；设置 $SendSig\_Ry$ 指令从程序执行中提取分支目的地址生成 $BranchSig_R$，与 $SendSig$ 设置的 $ConstSig$ 共同实现 $BB\_Signature$，以检测后继基本块是否合法。$BranchSig_R$ 为从分支寄存器中获得的分支特征值。

$$BB\_Signature = ConstSig \oplus BranchSig_R \qquad\qquad (7.15)$$

$$ConstSig = BBInsSig \qquad\qquad (7.16)$$

$$ConstSig\_Ry = 0 \qquad\qquad (7.17)$$

（4）对 IBR 型基本块的处理方式是 IBC_BB 和 BR_BB 方式的结合：设置 $SendSig$ 指令以检测分支不成功时的后继基本块；设置仅分支成功时执行的 $SendSig\_Ry$ 指令，从代码分支寄存器中提取分支目的地址配合 $ConstSig\_Ry$ 生成 $BranchSig_R$，与 $SendSig$ 设置的 $ConstSig$ 共同实现分支成功时的 $BB\_Signature$，以检测后继基本块是否合法。

即当分支不成功时：

$$BB\_Signature = ConstSig \qquad\qquad (7.18)$$

$$ConstSig = BBInsSig \oplus BranchSig_n \qquad\qquad (7.19)$$

而分支成功时由于 $SendSig\_Ry$ 指令的执行：

$$BB\_Signature = ConstSig \oplus ConstSig\_Ry \oplus BranchSig_R \qquad\qquad (7.20)$$

$$= BBInsSig \oplus BranchSig_R \qquad\qquad (7.21)$$

此时 $ConstSig\_Ry$ 应满足以下条件：

$$BBInsSig = ConstSig \oplus ConstSig\_Ry \qquad\qquad (7.22)$$

即得

$$ConstSig\_Ry = BranchSig_n \qquad (7.23)$$

特征值指令的设置方式如图 7.4 所示。BB_i 和 BB_j 为 BranchFree_BB 型；当 BB_p 分别为四种 Branch_BB 基本块类型时，其所需的特征值指令在矩形框中给出。在图中将 $BBInsSig_p$ 简记为 p，基本块 p 到其后继基本块 q 的 $BranchSig$ 简记为 $p2q$，IBC_Y、IBR_Y 和 IBC_N、IBR_N 分别表示执行成功和不成功的 IBC 和 IBR。

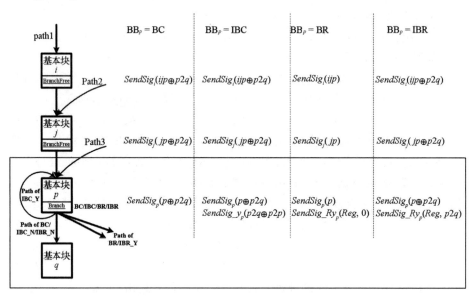

图 7.4　特征值指令设置方式

对 BranchFree_BB 型基本块，将其与后继的 Branch_BB 型基本块当作一个基本块来设置特征值指令。以图 7.4 中 BB_p 为 BC 型基本块时为例。为 BB_i 设置特征值需将 BB_i、BB_j、BB_p 合并为一个块 BB_{ijp}，计算得到 $BBInsSig_{ijp}$ 和 $BranchSig_{p2q}$，并将 $SendSig_i(ijp{\oplus}p2q)$ 指令插入 BB_i 中。于是当程序从 path1 进入时，三个基本块 BB_i、BB_j、BB_p 和 BB_p 的后继基本块都得到 $SendSig_i$ 的检查。为了能够检查从 path2 和 path3 进入的程序路径，需在 BB_j 和 BB_p 内分别设置 $SendSig_j$ 和 $SendSig_p$，并且通过执行 $SendSig$ 后清除 $SSRU$ 位，保证了从任何一个 path 路径进入，三条 $SendSig$ 中始终仅有一条被执行。

当 BB_p 为 IBC/BR/IBR 类型时需要设置的特征值指令也在图 7.4 中给出。在 BB_p 中需设置 $SendSig\_y$ 和 $SendSig\_Ry$，但对于不同 path 入口的程序路径，

ConstSig_n2y、*Reg*、*ConstSig_Ry* 的设置内容是相同的。

7.2.4　特征值检查

计算特征值并执行特征值检查的硬件监测器结构如图 7.5 所示，特征值检查以基本块为单位进行。*SoftSigReg* 与 *HardSigReg* 分别保存了预期特征值和实际特征值，并分别由特征值指令和硬件监测器更新。当检测到分支指令执行并经过分支延迟槽的延迟后，特征值检查被触发，若 *SoftSigReg* 与 *HardSigReg* 的内容不相同则断定有控制流错误发生。在 DSP 体系结构中，分支延迟槽固定为 5，即在分支指令执行后流水线运行的第 6 拍，PC 指向分支目标地址时执行特征值检查。

基于 BC 型基本块的例子（如图 7.6 所示），给出采用 $H(\oplus)$ 压缩函数的 V_CFC 的控制流错误检测过程。图 7.6（a）是正常的程序路径，*SoftSigReg*（*SSR*）和 *HardSigReg*（*HSR*）的初始值均为 1000，基本块 BB_i 内有三个执行包，其 *PagSig* 分别为 1111、3333 和 7777，由此得到 *BBInsSig_i* 为 5555。BB_i 的起始地址用［00002000］表示，*BranchSig_{i2j}* 即为 2000。在 BB_i 中插入一条 *SendSig* 指令，执行后 *SoftSigReg* 为 6555[①]。在分支指令执行后，程序运行到分支目的地址，即在 BB_j 起始地址的位置触发特征值比较，若 *HardSigReg* 与 *SoftSigReg* 相同则无控制流错误。

按照错误控制流转移的起止位置与 SendSig 指令位置的四种关系，图 7.6（b）~（e）给出发生 Break_CFE 时的检查过程。图 7.6（f）给出发生 B2B_CFE 时的检查过程。其他 CFE 情况下的检查过程类似。以上分析表明，无论特征值指令是否被执行，V-CFC 都可检测出控制流错误。

---

①　$1000 \oplus 5555 \oplus 2000$

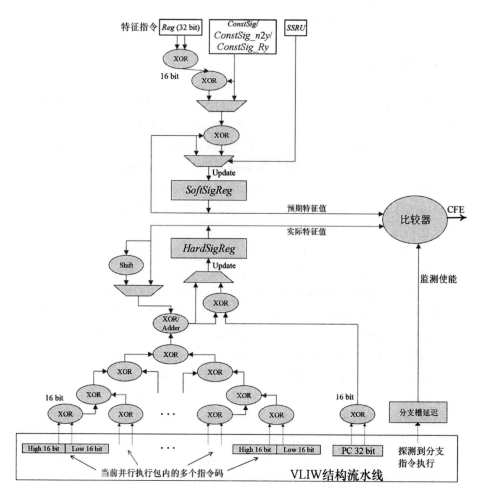

图 7.5　硬件监测器结构示意图

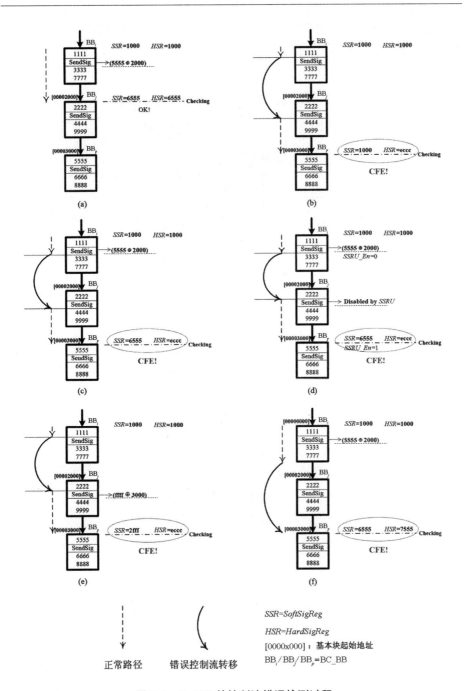

图 7.6　V_CFC 的控制流错误检测过程

在正常程序路径时对 IBC、BR 和 IBR 型基本块的特征值检查过程如图 7.7 所示，而发生 CFE 时的处理过程可用类似图 7.6 的方法分析。

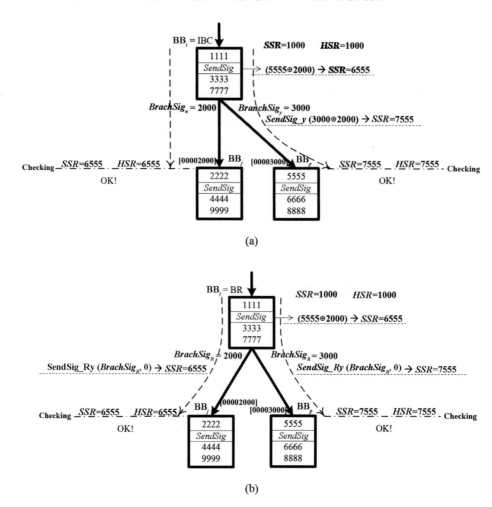

(a)

(b)

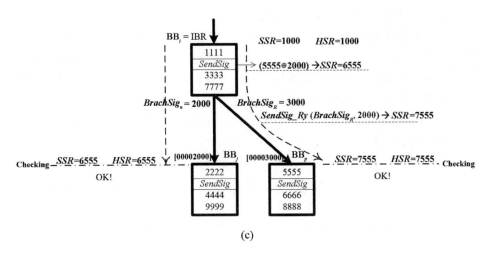

<pre style="white-space:pre-wrap">图 7.7　正常程序路径下 IBC、BR 和 IBR 的特征值检查</pre>

7.2.5　特征值指令优化

V-CFC 方法在每个基本块中插入约 1～2 条指令。插入指令会增加代码总长度，引起存储容量、Cache 失效和功耗等损失。为了减少插入的总指令数，本节利用控制流中的冗余结构对 V-CFC 方法进行了优化。该方法采用增强的路径特征值指令，以增加有限的错误检测延迟为代价。

在 *SendSig* 指令中增加参数 *CheckBrCnt*（Check Branches Count），用于指定经过多次分支指令执行后才触发特征值比对。由此得到路径特征值指令 *PSendSig*：

$$[SSRU]\ PSendSig\,(ConstSig,\ CheckBrCnt)$$

路径特征值的思想是将执行路径中多个连续的 Branch_BB 合并处理，将原来由 *BranchSig* 检查基本块间的控制流转化为由 *BBInsSig* 检查基本块执行的完整性，即将有唯一后继基本块的 Branch_BB 等同于 BranchFree_BB 对待，由此在"汇聚路径"中减少特征值指令的插入。

为定义汇聚路径，引用以下控制流图的有关定义[18]。程序可以由节点①的集合 N 和连接节点的分支边 E 组成的有环有向图 $G=(N,E)$ 表示，即程序控制流图（Control-Flow Graph，CFG）。边 $(m,n)\in E$ 表示两个节点 m，$n\in N$

---

① 即本文的基本块，在本节内对二者不加区分。

之间的控制转移，其中，m 是 n 的前驱节点，n 是 m 的后继节点。$Preds(n)$ 是节点 n 的前驱节点集合，即 $m \in Preds(n)$，都有 $(m, n) \in E$。$Succs(m)$ 是节点 n 的后继节点集合，即 $n \in Succs(m)$，都有 $(n, m) \in E$。后继节点多于一个的节点称为分支节点，否则称为非分支节点。前驱节点多于一个的节点称为汇聚节点。对于分支节点 m，如果 n 是其后继节点，则边 (m, n) 称为节点 m 的一个分支 br_{i2j}。G 中的一条路径 $p_{j2k} \in P$ 是一个节点序列 $[n_j, n_{j+1}, \cdots, n_k]$，且对 $j \leqslant i \leqslant k-1$，都有 $(n_i + 1) \in Succs(n_i)$。

汇聚路径是指这样一种节点关系：若路径 $p_{j2k} \in P$，对 $j < i < k$，存在 n_i 为非分支节点，且 n_j 和 n_k 为分支节点，则 p_{j2k} 称为 n_k 的汇聚路径，n_k 为汇聚路径 p_{j2k} 的检查节点。对 $p_{(j+1)2k}$ 路径上的各节点，将路径中的分支指令数作为 $CheckBrCnt$，因此有 $CheckBrCnt \leqslant k-j$。通过将块内分支指令当作普通指令对待，合并多个节点 $n_{j+1} \sim n_k$ 为单一节点 $n_{(j+1)\cdots(k-1)k}$，按 7.2.3 节方法设置 $n_{(j+1)\cdots(k-1)k}$ 的特征值指令，并将 $SendSig$ 替换为 $PSendSig$ 设置在 n_{j+1} 中。若 n_k 有其他汇聚路径，设置方式与图 7.6 中对 BranchFree_BB 型基本块的处理方式相同。

在如图 7.8 所示的 CFG 中，n_k 基本块有两条汇聚路径 p_{q2k} 和 p_{j2k}，使用路径特征值指令检测四个基本块 (i, p, q, k) 只需三条指令，否则需要五条指令。

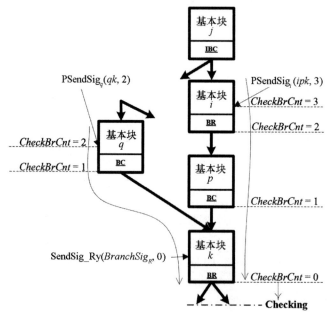

图 7.8　路径特征值指令工作机制

7.2.6　增加覆盖率的措施

7.2.6.1　软流水代码

软流水是 VLIW 结构处理器的一项重要技术[19]。它通过在分支指令的延迟槽内继续执行新的分支指令，能充分利用分支延迟实现指令高度并行下的密集计算。由于软流水代码段中的分支重叠执行，并且并行指令槽可能全部被占用而无法再插入指令，因此软流水代码的 CFC 需特殊处理。

软流水代码中有多条 IBC 指令，但分支目的地址相同，软流水代码段的一般结构如图 7.9 所示。其中只有 IBC6 可能会执行多次，而其他部分代码只执行一次。但压缩函数 H 的 "$<< \oplus$"和" $+$ "操作都会引起实际特征值随 IBC6 执行次数而变化，以致无法提供固定的预期特征值。因此将 "$<< \oplus$"和" $+$ "

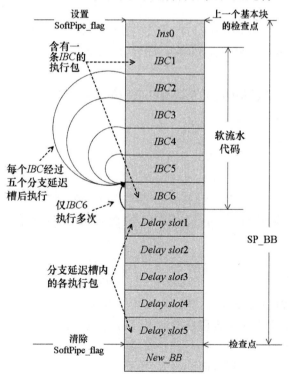

图 7.9　软流水代码结构示意

操作替换为"$\oplus$"操作，对 *Ins* 0 到 *Delay slot* 5 的指令码执行"$\oplus$"操作得到指令特征值。该特征值仅会随 *IBC*6 执行次数的奇偶不同而出现两种情况，因此可以用两条特征值指令提供预期特征值。

对软流水代码段的控制流错误检测方法如下。由于分支指令的延迟槽内又有新的分支指令执行，图 7.5 中的 Branchslots Delay 模块每次检测到新分支执行都重新开始计数，因此触发比较器的 Checking_En 信号在图 7.9 中的 Delay slot 5 执行包执行后才会有效。将两个检查点间的代码记为软流水基本块（BB of Software Pipline，SP_BB）。设置 SoftPipe_flag 标志位寄存器用于指示 SP_BB 的范围，该标志位由软件指令在 SP_BB 的第一个执行包内置位，在下一个检查点处被自动清除。在 SoftPipe_flag 有效期间内，仅使用 $H(\oplus)$ 压缩函数，并由分支指令执行次数的奇偶位代替 *IB_CReg* 来控制 *SendSig_y* 的执行使能。

设在该软件流水代码段中 IBC6 循环执行 m 次，$Branchsig_n$ 是从后继基本块 New_BB 起始地址中提取的分支特征值。用 *IBC* 和 *Slot* 简略表示各 *PagSig*，则检查内容如下：

$$BB\_Signature = Ins0 \oplus IBC1 \oplus IBC2 \oplus IBC3 \oplus IBC4 \oplus IBC5 \oplus \{ IBC6 \oplus \cdots \oplus IBC6 \} \oplus Slot1 \oplus Slot2 \oplus Slot3 \oplus Slot4 \oplus Slot5 \oplus Branchsig_n \qquad (7.24)$$

设

$$SP\_Const = Ins0 \oplus IBC1 \oplus IBC2 \oplus IBC3 \oplus IBC4 \oplus IBC5 \oplus Slot1 \oplus Slot2 \oplus Slot3 \oplus Slot4 \oplus Slot5 \oplus Branchsig_n \qquad (7.25)$$

则当 m 为偶数时，

$$BB\_Signature = SP\_Const \qquad (7.26)$$

当 m 为奇数时，

$$BB\_Signature = SP\_Const \oplus IBC6 \qquad (7.27)$$

SendSig 和 *SendSig_y* 可在 *SP_BB* 块内除 *IBC*6 以外的任意位置插入，其中，

$$ConstSig = SP\_Const \qquad (7.28)$$

$$ConstSig\_n2y = IBC6 \qquad (7.29)$$

对软流水代码段的这种处理方式软硬件实现代价较小。但多个分支结果由一个检查点集中检查在一定程度上降低了故障检测覆盖率，在 SP_BB 内部任何满足 *BB_Signature* 检查的执行路径都被判断为正确路径，致使 *IBC*6 分支的执行条件错误也无法得到全面的检查。对于发生在 SP_BB 与其他基本块之间的错误控制转移（CFE-1/2/3/4/5/6/7/8），SP_BB 的多个内部分支不影响原有特征值检查机制，故障覆盖率不受影响。由于检查点后移至 SP_BB 的最后

一个分支处，因此最大检测延迟增大至整个 SP_BB 的执行时间。

7.2.6.2　CFE-10 故障

发生 CFE-10 时，程序跳转到非程序空间，由于没有分支指令执行而使特征值比对无法触发。为及时检测 CFE-10 故障，设置了寄存器 *PackCnt* 用来统计当前执行包的执行数目。*PackCnt* 在每个特征值比对点被自动复位，也可由普通的写指令复位。通过分析代码可获得基本块的最大执行包数 *MaxPackCnt*。从而有如下 *CFE* 判断条件：

If ($PackCnt \geqslant MaxPackCnt$)

　　Report CFE

End if

此时故障检测延迟的上限为 *MaxPackCnt* 个执行包消耗的流水线周期数。通过在长基本块中适当增加复位 *PackCnt* 的写指令，可允许设置更小的 *MaxPackCnt*，从而减小该延迟。在基本块出口分支处漏检的 CFE-9 故障也可由该方法检测。

7.2.6.3　CFE-e 故障

发生 CFE-e 时，流水线发生非正常的暂停，用设置 *PackCnt* 的方法也无法处理。因此设置了时钟计数器 *InterPackCnt* 记录相邻执行包的执行间隔。分析处理器的体系结构可以得到该执行间隔的最大值 *MaxInterPackCnt*，从而有如下 CFE 判断条件：

If ($InterPackCnt \geqslant MaxInterPackCnt$)

　　Report CFE

End if

7.2.6.4　中断和调试的处理

处理器的中断服务程序会打断原有的程序控制流。为 V_CFC 设计了用于备份 *SoftSigReg* 和 *HardSigReg* 的寄存器，以便在中断发生时保存现场，以及在中断后恢复控制流检测。在允许中断嵌套的体系结构中可采用增加硬件备份栈的方法[2,4]，或使用软件代码将 *SoftSigReg* 和 *HardSigReg* 与其他通用寄存器一起保存在堆栈中。

同大部分 CFC 方法类似，V_CFC 不支持运行中修改指令代码，不支持调试中对 PC 寄存器的直接修改。在进入调试断点状态时，*InterPackCnt* 停止计数。

7.3 软硬件实现

使用 Verilog – HDL 实现了硬件监测器的逻辑电路。使用某 0.18 μm 工艺库进行逻辑综合，各部分的面积耗费如表 7.4 所示。为了节约面积开销，采取以下简化硬件的措施。根据对测试程序基本块长度的统计，设置 12 位的 *PackCnt* 计数器可满足需要，并留有相当大的裕量。根据最大基本块长度下限的范围，以及无须精确比较的需要，仅将 *PackCnt* 高 8 位与 *MaxPackCnt* 寄存器进行相等比较。根据对 DSP 体系结构的分析，设置 14 位的 *InterPackCnt* 计数器可满足要求并留有一定的裕量。在硬件已经固定的体系结构中，将 *MaxInterPackCnt* 设为固定值即可。但为了保持一定的通用性，仍然设计了 8 位的 *MaxInterPackCnt* 寄存器，并仅与 *InterPackCnt* 的高 8 位进行相等比较。

该硬件监测器具有良好的可扩展性，面积复杂度为 $O(N)$，关键路径延迟以 $O(\log_2 N)$ 增加，N 为 VLIW 结构的最大并行指令数。

表 7.4 硬件监测器的面积开销和关键路径

类型	$H(<< \oplus)$						$H(\oplus)$	$H(+)$
面积/ μm^2	基本部分	支持软流水	支持 CFE-10	支持 CFE-e	支持路径特征值指令	总面积	总面积	总面积
	16 845	532	1 903	2 049	452	22 250	21 199	23 520
关键路径/ns	1.61						1.60	2.14

在软件处理部分，对给定程序代码实施 V-CFC 错误检测的流程如下：

（1）从编译后的二进制文件中提取程序基本块，计算 *BBInsSig*。

（2）提取各基本块的后继基本块，计算 *BranchSig*。

（3）在二进制文件中插入每个基本块所需的特征值指令，优先利用 NOP 指令位置。

（4）插入指令使部分基本块长度变化，因此需重新计算分支目的地址并链接程序。

（5）依照更新的分支地址修正特征值指令的内容。

（6）得到支持 V-CFC 控制流错误检测的程序代码。

7.4　性能评估

7.4.1　方法与环境

本节采用测试程序模拟的方法评估了 V-CFC 方法，并与其他 CFC 方案进行了比较。实验环境是多 DSP 平台单核 DSP 的 RTL 模型。测试程序包括 JpegE、Lpc、MP3D 和 Adpcm，其功能描述在表 4.3 中给出。参照控制流检测的常用评价指标，评估内容及方式如下：

（1）计算插入特征值指令前后的代码长度，得到存储耗费增加的比例。

（2）将插入特征值指令前后的代码（未注入故障）分别在模拟器中运行，得到性能损失。

（3）硬件部分 VLSI 实现的面积复杂度和时序约束已于 7.3 节中给出。

（4）对测试程序注入故障，通过 trace 驱动的控制流故障模拟（TraceCFC-Sim）得到故障覆盖率。

（5）在 TraceCFC-Sim 模拟中记录故障的发生时刻与检测时刻，统计平均故障检测延迟。

（6）通过测试不同规模的应用程序，表明该方法具有可扩展性。

通常情况下，为提高注入效率可以仅注入控制流故障，并通过对程序汇编代码的直接修改来实现。在文献 [11] 和 [20] 的实验中注入了以下常见的三种类型故障：

（1）随机删除分支指令，由 NOP 指令替换。

（2）随机选择分支指令，更改其目的地址为随机地址。

（3）随机插入分支指令，设置其目的地址为随机地址。

由于引起了指令码的较大变动，通过删改指令注入的故障被 V-CFC 的基本块特征值检测到的概率极大，这样就失去了全面评估控制流错误检测的目的，因此本书没有采用删改指令的方式，而是直接在 PC 寄存器中实施同上述三种故障等效的控制流转移。上述三种故障类型对应的 CFE 类型如表 7.5 所示。实验中特别过滤了无效的故障注入，此时随机产生的故障控制流转移恰与正常的控制流相同，程序行为表现为没有发生故障。实验中还将随机分支目的地址限制在程序地址空间内，否则由于程序存储空间只占全部 32 位存储空间很小的比例，会导致绝大部分随机目的地址的故障属于 CFE-9/10 型。

表 7.5　故障注入类型

序号	故障类型	CFE 类型	故障控制流转移操作
Test 1	随机删除分支指令	CFE-1 CFE-5（部分）	随机基本块 i 的出口 → 地址空间中的下一基本块 j 的入口
Test 2	随机更改分支目的地址	CFE-3/7/a/c CFE-5（部分）	随机基本块 i 的出口 → 随机程序存储器地址（映射至某基本块 j 的某条指令，且排除 Test1：非地址空间中的下一基本块 j 的入口）
Test 3	随机插入分支指令	CFE – 2/4/6/8/b/d	随机程序存储器地址（映射至某基本块 i 中已经完成的某条指令，且排除 Test2：非最后一个执行包） → 随机程序存储器地址（映射至某基本块 j 的某条指令）

　　出于公平比较的考虑，基于测试程序的模拟通常要求输入测试集及模拟环境保持相同，这使得每次模拟运行的程序执行路径完全相同。当进行基于测试程序的故障模拟时，程序运行至故障点前的路径也完全相同。因此可以将该部分模拟跳过，直接从故障发生点开始模拟，以节约大量的模拟时间。另外，仅通过判断控制流和计算指令码即可实现针对 V-CFC 的控制流故障模拟，而与具体的指令功能无关，因此模拟过程和内容可以大大简化。这里提出了基于 Trace 驱动的控制流故障模拟（TraceCFC-Sim），由 MATLAB 工具实现，其处理流程如下：

　　（1）在 RTL 模拟器或支持片上 trace 的处理器中运行测试程序，得到以基本块为单位的正常执行路径（Trace 路径）。

　　（2）计算 Trace 路径中每个基本块入口处的特征值（Trace 特征值）。

　　（3）按表 7.5 所列"故障控制流转移操作"注入控制流故障。

　　（4）从 Trace 路径中故障点所在基本块的入口处开始模拟，直接读取 Trace 特征值。模拟方法如下：

　　①在故障注入处执行故障控制流转移操作，否则按 Trace 路径指示的控制流依次处理各执行包。

　　②依次读取基本块内各执行包的指令。由特征值指令更新 *SoftSigReg*；由非特征值指令更新 *HardSigReg*。

③在检查点比较 *SoftSigReg* 和 *HardSigReg*。若二者不相同则报告 CFE，记录时间戳，结束本次模拟；否则按 Trace 路径继续执行。若经过下一个检查点后仍未检测出该 CFE 故障则报告检测失败，结束模拟。

在 TraceCFC-Sim 中经过第二个检查点才报告检测失败的原因是当故障点发生在分支指令处（如 Test 2 故障）且该故障为 Break_CFE，即使该故障在当前分支触发的检查点未能被检测到，也可能因该故障破坏了 *BBInsSig* 的完整性而在下一个分支处被检测到。

相比 RTL 体系结构模拟模型（RTL-Sim）和 C 语言体系结构模拟模型（C-Sim），TraceCFC-Sim 的优点是将模拟速度提高了 3～5 个数量级，如图 7.10 所示。TraceCFC-Sim 的主要缺陷是故障导致控制流错误转移到某一地址后，以该地址起始的后续路径需从 Trace 文件中取得，而该后续路径可能与指令功能模拟得到实际路径不同。但包括 V-CFC 在内的大部分 CFC 方法主要在故障发生后的首个分支处检测故障[2,4,5,8,21]，因此实验结果受此种路径差异的影响很小。本书实验中所有检测到的故障都是在首个分支处被检测到的。

采用 TraceCFC-Sim 的另一优势是更加真实地模拟故障发生的时机。在程序代码中注入的故障是基于代码空间位置触发的故障，故障总发生在该段代码被首次执行的时刻。但实际情况中故障可能发生在整个程序执行的任意时间点，即代码段的任意一次执行都可能发生故障[22]。路径驱动的 TraceCFC-Sim 具有基于空间位置和时间位置触发故障的双重能力，即随机选择故障发生的空间位置（所在基本块和指令行）后，再随机选择该段代码的某一次执行（时间位置）注入故障，从而更加真实地模拟控制流故障。

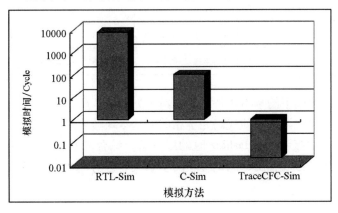

图 7.10　RTL-Sim、C-Sim 和 TraceCFC-Sim 的模拟时间比较（基于 JpegE 测试程序）

7.4.2 特征值混淆

通过压缩指令码得到的基本块特征值属于自然特征值。不同基本块可能会具有相同的自然特征值而造成混淆。因此定义基本块的特征值混淆率（Signature Confusion Rate，SCRate）为随机选取两个基本块具有相同特征值的概率。

设 (a_i, m_i) 表示特征值为 a_i 的基本块有 m_i 个，sum(m) 表示基本块的总数，则：

$$SCRate = \sum_i \left(\frac{m_i}{\text{sum}(m)} \times \frac{m_i - 1}{\text{sum}(m) - 1} \right) \times 100\% \tag{7.30}$$

决定特征值混淆程度的主要因素是特征值字长和生成方式。按照特征值字长 v 的不同取值，基于 JpegE 测试程序分别计算了三种压缩函数 $H(\oplus)$、$H(<< \oplus)$ 和 $H(+)$ 的 SCRate，结果如表 7.6 所示。在实验中还发现，指令码层次的字特征值的生成方式对结果影响很小。下文未作特殊说明时 v 均取 16。

表 7.6　不同字长的基本块特征值混淆率

字长 v		8	12	16	18	20	24	28	32
字长 v 选取方式		$[31:24]\oplus$ $[23:16]\oplus$ $[15:8]\oplus$ $[7:0]$	$[31:20]\oplus$ $[21:9]\oplus$ $[11:0]$	$[31:16]\oplus$ $[15:0]$	$[31:14]\oplus$ $[17:0]$	$[31:12]\oplus$ $[19:0]$	$[31:8]\oplus$ $[23:0]$	$[31:4]\oplus$ $[27:0]$	$[31:0]$
特征值混淆率	$H(\oplus)$	0.487 9	0.086 6	0.072 1	0.065 6	0.064 3	0.064 3	0.064 3	0.064 3
	$H(<< \oplus)$	0.418 4	0.080 0	0.063 0	0.060 3	0.060 3	0.060 3	0.060 3	0.060 3
	$H(+)$	0.428 9	0.093 1	0.064 3	0.064 3	0.061 6	0.064 3	0.061 6	0.060 3

不同程序规模下的基本块特征值混淆率如表 7.7 所示。No Hashing 一栏表示没有压缩时的混淆率，即代码完全相同的基本块造成的混淆程度。各类压缩函数的结果都很接近 No Hashing 时的混淆率，综合来看，$H(<< \oplus)$ 的结果略优于其他。并且可以看出，测试程序的基本块数量对 $SCRate$ 并无显著影响。

表 7.7　不同程序规模的基本块特征值混淆率

测试程序	BB 数量	$H(\oplus)$	$H(<<\oplus)$	$H(+)$	No Hashing
JpegE	391	0.072 1	0.063 0	0.064 3	0.060 3
Lpc	740	0.051 6	0.050 5	0.050 8	0.048 4
MP3D	1 403	0.017 1	0.014 8	0.017 0	0.013 8
Adpcm	255	0	0.007 0	0	0
平均值		0.035 2	0.033 8	0.033 0	0.030 6

7.4.3　存储耗费与性能代价

根据基本块类型添加特征值指令，在 BranchFree、BC 以及有唯一后继基本块的 BR 中各添加一条指令，在 IBC、IBR 以及有多个后继基本块的 BR 中各添加两条指令，为各软流水代码段添加三条指令，没有使用路径特征值指令。所有插入代码均利用了 NOP 指令位置或可与其他指令并行执行的指令槽。在 RTL 模拟器中运行特征值指令插入前后的程序代码，统计运行的时钟周期数。程序的代码长度和运行周期数的变化如表 7.8 所示。代码执行时间增加的原因是插入指令增加了取指时间。指令预取是减少取指延迟的常用方法[23]，因此将 V-CFC 与指令预取结合使用还可进一步降低性能损失。

表 7.8　代码长度和程序运行周期数的变化

测试程序	原始指令条数	插入特征值指令数		指令数增加比例/%	代码原始执行时间/Cycle	代码执行时间增加比例/%
		NOP 位置	并行执行槽			
JpegE	5 193	400	228	4.39	4 554 919	0.84
Lpc	6 976	669	375	5.38	4 739 414	2.68
MP3D	14 235	921	637	4.47	21 205 218	1.92
Adpcm	1 582	201	54	3.41	971 304	1.13
平均值				4.34		1.64

7.4.4　故障覆盖率

为评估 V-CFC 对指令码的位翻转故障的检测能力，以基本块为单位在指令码中随机注入位翻转故障。具体方法是在 Trace 路径中随机选择基本块，再随机选取该块中的 n 位指令码做取反操作。在 JpegE 测试程序的二进制代码中共注入故障 20 000 次，在 TraceCFC-Sim 运行注入故障后的代码，实验结果如表 7.9 所示。

表 7.9　位翻转的故障检测

翻转位 n	$H(\oplus)$	$H(<< \oplus)$	$H(+)$
1	20 000	20 000	20 000
2	18 791	18 756	19 331
3	20 000	20 000	19 948
4	19 773	19 797	19 910
5	19 999	20 000	19 981
平均值	19 713	19 711	19 834
平均故障覆盖率/%	98.57	98.56	99.17

对函数 $H(\oplus)$ 和 $H(<< \oplus)$，n 为奇数时检错率的理论值是 100%[2]。但实际情况中，特征值指令本身被注入故障，造成同理论值的微小偏差。对这种现象简要分析如下：如果某个位翻转发生在特征值指令中存储指令标识的字段，则造成特征值指令成为非特征值指令而被计入 $P\_BBInsSig$，并且由于特征值指令不计入 $E\_BBInsSig$，故 $SoftSigReg$ 无变化。因此当且仅当 $P\_BBInsSig$ 为零或发生其他位翻转故障使得 $P\_BBInsSig$ 为零时，等效 $P\_BBInsSig$ 对 $HardSigReg$ 无影响，则在下一个检查点将无法辨别该次故障；否则一定由于 $SoftSigReg$ 与 $HardSigReg$ 不同而检测到故障。如果位翻转发生在存储特征值的字段，引起 $E\_BBInsSig$ 的变化，若此时存在其他的位翻转故障而使 $P\_BBInsSig$ 与 $E\_BBInsSig$ 变化相同，则这些故障无法得到检测。

进一步分析在使用函数 $H(\oplus)$ 和 $H(<< \oplus)$ 时，n 为偶数时的理论故障检测概率。当 $n = 2$ 时，无法检测故障的理论概率值为 $\frac{1}{16} = 0.062\ 5$，即两次位翻

转被压缩映射到 16 位特征值的同一位上而使该位恢复原值的概率。当 $n = 4$ 时，该概率值为四次位翻转映射到同一位的概率与发生两次（$n = 2$）翻转概率的总和，即 $\frac{1}{16} \times \frac{1}{16} \times \frac{1}{16} \times C_4^4 + \frac{1}{16} \times \frac{15}{16} \times \frac{1}{16} \times \frac{C_4^2}{C_2^1} = 0.011$。实验结果与理论值非常接近。

依照表 7.5 所列控制流故障类型进行故障模拟实验，共注入故障 20 000 次。Test 1、Test 2 中未能检测的故障数均为 0，Test 3 的实验结果如表 7.10 所示。

表 7.10　Test 3 的故障覆盖率

测试程序	未能检测的故障数		
	$H(\oplus)$	$H(<< \oplus)$	$H(+)$
JpegE	8	8	6
Lpc	9	9	7
MP3D	9	6	6
Adpcm	8	4	7
平均值	8.5	6.75	6.5
平均故障覆盖率/%	99.96	99.97	99.97

（1）分析 Test 1 的漏检条件。设被删除分支指令的基本块是 BB_i，BB_i 的正常后继基本块为 BB_p，BB_i 下一地址空间的基本块是 BB_j，BB_j 的正常后继基本块为 BB_q，则在 BB_j 的检查点处有：

$$SoftSigReg = BB\_Signature_i = BBInsSig_i \oplus BranchSig_{i2p} \tag{7.31}$$

$$HardSigReg = BB\_Signature_{ij} = BBInsSig_{ij} \oplus BranchSig_{j2q} \tag{7.32}$$

当 $SoftSigReg = HardSigReg$ 时故障无法检测，即：

$$BBInsSig_i \oplus BranchSig_{i2p} = BBInsSig_{ij} \oplus BranchSig_{j2q} \tag{7.33}$$

以 $H(\oplus)$ 为例简化，得到故障漏检条件：

$$BBInsSig_j = BranchSig_{i2p} \oplus BranchSig_{j2q} \tag{7.34}$$

当特征值均匀分布时，该故障漏检条件成立的概率为 2^{-v}。但一般程序中各块的后继基本块数量有限，使得 BB_i、BB_j、BB_p 和 BB_q 具有极强的相关性，因此可能对某一测试程序来说，故障漏检条件一定无法满足。本书实验中四组测试程序的 Test 1 故障全部被检测到。

（2）分析 Test 2 的漏检条件。仍设被更改分支目的地址的基本块是 BB_i，BB_i 的正常后继基本块是 BB_p，而故障后的目的地址为 PC_j。在 BB_i 的检查点处有：

$$SoftSigReg = BB\_Signature_i = BBInsSig_i \oplus BranchSig_{i2p} \qquad (7.35)$$

$$HardSigReg = BB\_Signature_i = BBInsSig_i \oplus BranchSig(PC_j) \qquad (7.36)$$

当 $SoftSigReg = HardSigReg$ 时故障无法检测，即：

$$BranchSig_{i2p} = BranchSig(PC_j) \qquad (7.37)$$

由于 BB_p 的起始地址 PC_p 一定与 PC_j 不同，因此当 PC_j 均匀分布时（如本书 Test 2 中的设置），PC_p 与 PC_j 的分支特征值相同的概率是 2^{-v}。若 PC_j 是由 PC 寄存器发生单个位翻转故障造成的，则二者相同概率为 0。

（3）Test 3 故障属于 Break_CFE，若所有特征值均匀分布，则错误的漏检概率即是特征值混淆的概率 2^{-v}。但实际上存在完全或部分相同的基本块，且这些基本块有相同的后继基本块，因此 Test 3 的实验结果高于理论值。

7.4.5　故障检测延迟

故障检测延迟的统计结果如表 7.11 所示，CFE-e 的检测延迟以 CPU cycle 为单位，其他错误类型的检测延迟均以执行包数（InsP.）为单位。实验中三种 H 函数的检测延迟均相同，如果出现在第二个检查点才检测到故障的情况，延迟将会略有差异，但实验中没有出现这种情况。由于流水线可能发生阻塞，检测延迟的实际时钟周期数可能大于表中给出的执行包数。

表 7.11　故障检测延迟情况

错误类型	描述	JpegE	Lpc	MP3D	Adpcm
Test 1	随机基本块的执行时间/InsP.	14.21	7.39	8.76	7.51
Test 2	分支延迟槽时间/InsP.	6	6	6	6
Test 3	从随机指令地址到下一个检查点的运行时间/InsP.	6.63	5.04	4.58	4.14
CFE-10	最大基本块的执行包数/InsP.	29	22	35	19
CFE-e	执行包最大执行间隔/CPU cycle	500			

7.4.6　综合性能比较

由上文的实验分析可知，采用不同 H 压缩函数的三种 V-CFC 方法具有不同的硬件耗费和故障覆盖率，但在存储耗费、性能代价和检测延迟三项指标中并无显著区别。三种 V-CFC 方法的硬件耗费和漏检故障数如图 7.11 所示，并以 $H(\oplus)$ 的结果为标准进行归一化处理，以便综合比较。可见，面积消耗最大的 $H(+)$ 在位翻转故障和故障覆盖率方面都略优于其他两种方法。

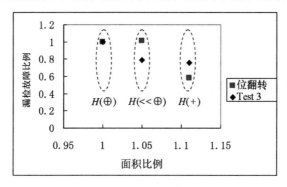

图 7.11　三种 V-CFC 硬件耗费和覆盖率指标的归一化比较

本书扩充了文献[24]的比较内容，将 V-CFC 方法的各项指标同其他 CFC 方法进行比较，如表 7.12 所示。由于相关研究中的故障检测方法都较为复杂，本书限于条件未能逐一实现。因此同文献[2]和[5]的方法类似，本书仅列出来自不同实验环境和测试程序的结果进行参考比较。在表中所列相关研究中，CSM 和 ISC 方法的故障覆盖率指标仅通过对测试程序的理论分析得到；HSM 方法所采用的测试程序过于简单，并且故障注入次数较少；SIS 构建了实际硬件系统实施故障模拟，但覆盖率较低；本书采用了 TraceCFC-Sim 进行故障模拟，对复杂程序进行了大量故障注入，实验结果更加精确可信。

表 7.12　控制流检测方法比较

CFC 技术	代码开销/%	执行时间开销/%	故障覆盖率/%	故障检测延迟	是否修改代码	是否检查位翻转错误	硬件开销
CFCET[24]	0	33.3 ~ 140.8	79.7 ~ 84.6	0	否	否	1.05 ~ 1.25 DFF/Instr.
TTA[7]	35 ~ 39	28 ~ 30	87.5 ~ 92.6	62 ~ 101 Cycle	是	否	

（续表）

CFC 技术	代码开销/%	执行时间开销/%	故障覆盖率/%	故障检测延迟	是否修改代码	是否检查位翻转错误	硬件开销
TSM[6]	10.1~16.4	10~20	74.3~92.7		是	否	
SIS[4]	6~15		82	3 800 psec.	是	是	3 947 gate + 5 435 Byte
CSM[5]	4~11		99.99	1 Cycle	是	是	
ISC[2]	10~25	6.2~32.7	$1-2^{-v}$（v 为特征值位数）	2~5 Instr.	是	是	32 000 gate
CIC[9]	5~28	52~189	91~98.41	80 Cycle	是	否	硬件监控器，看门狗协处理器
HSM	3.9~13.4	6~11.3	97.8~99.8	1.25~3.1 Cycle	是	是	2 452 gate
HSM for VLIW[15]	5.3~88		99.5~100	18.3~25.8 ns（200 MHz）	是	是	65 200 μm^2（0.35 μm）
DCFI[21]	3.85~11.2	0~1.23	85.3（未检测库函数）		是	否	8 211 μm^2（0.09 μm）
V-CFC H (<<⊕)	3.4~5.4	0.84~2.68	98.56~99.97	4.14~14.21 InsP.	是	是	22 250 μm^2（0.18 μm）

从表中可知，V-CFC 的代码开销和执行时间开销都较小，故障覆盖率高，硬件开销适中，但故障检测延迟较大。因此，V-CFC 适于对检测延迟不苛刻而对执行时间代价敏感的嵌入式应用系统。

7.5　本章小结

本章针对嵌入式系统低开销的在线错误检测需求，结合 VLIW 结构处理器的特点，提出一种基于特征值监督的软硬件结合的控制流错误检测方法 V-CFC。在 V-CFC 中设计了弱位置约束的特征值指令，允许在一定程序范围内寻找空闲指令槽或 NOP 指令位置来执行特征值指令，极大减小了处理器的性能损失和代码长度开销。研究人员设计了硬件耗费很小的动态特征值修正指令，可根据分支寄存器的内容动态修正预期特征值，相比于类似的硬件方法扩大了故障检测的范围，相比于软件方法则大幅度减少了插入指令的数量。V-

CFC 支持检测已知的 15 种控制流错误，支持检测指令码中的单个和多个位翻转错误，具有较高的故障覆盖率和较小的硬件开销。由于采用了 Trace 驱动的控制流故障模拟，极大加快了模拟速度，并且在模拟的准确性方面也有一定优势。

V-CFC 在代码长度、执行时间和硬件开销等方面的代价都较小，适用于有一定实时性要求的 VLIW 结构嵌入式处理器。

参 考 文 献

［1］ Chen Y Y. Concurrent detection of control flow errors by hybrid signature monitoring［J］. IEEE Transactions on Computers, 2005, 54(10): 1298 –1313.

［2］ Ohlsson J, Rimén M. Implicit signature checking［C］//Proceedings of the Twenty-Fifth International Symposium on Fault-Tolerant Computing. IEEE, 1995: 218 –227.

［3］ Saxena N R, McCluskey E J. Control-flow checking using watchdog assists and extended-precision checksums［J］. IEEE Transactions on Computers, 1990, 39(4): 554 –559.

［4］ Schuette M A, Shen J P. Processor control flow monitoring using signatured instruction streams［J］. IEEE Transactions on Computers, 1987, 36(3): 264 –276.

［5］ Wilken K, Shen J P. Continuous signature monitoring: low-cost concurrent detection of processor control errors［J］. IEEE Transactions on Computer-Aided Design of Integrated Circuits and Systems, 1990, 9(6): 629 –641.

［6］ Madeira H, Rela M, Furtado P, et al. Time behaviour monitoring as an error detection mechanism［C］//Proceedings of the 3rd IFIP Working Conference on Dependable Computing for Critical Applications, 1992: 121 –132.

［7］ Miremadi G , Ohlsson J T , Rimen M , et al. Use of time, location and instruction signatures for control flow checking［C］// Proceedings of the DCCA –6 International Conference. IEEE, 1998: 65 –81.

［8］ Bernardi P, Bolzani L, Rebaudengo M, et al. A new hybrid fault detection technique for systems-on-a-chip［J］. IEEE Transactions on Computers, 2006, 55(2): 185 –198.

［9］ Rajabzadeh A, Mohandespour M, Miremadi S G. Error detection enhancement in COTS superscalar processors with event monitoring features［C］//

Proceedings of the 10th IEEE Pacific Rim International Symposium on Dependable Computing. IEEE, 2004.

[10] Alkhalifa Z, Nair V, Krishnamurthy N, et al. Design and evaluation of system-level checks for on-line control flow error detection [J]. IEEE Transactions on Parallel and Distributed Systems, 1999, 10(6):627 – 641.

[11] 李爱国, 洪炳熔, 王司. 一种软件实现的程序控制流错误检测方法[J]. 宇航学报, 2006, 27(6): 1424 – 1430.

[12] Borin E, Wang C, Wu Y, et al. Software-based transparent and comprehensive control-flow error detection[C]//Proceedings of International Symposium on Code Generation and Optimization. IEEE, 2006, (13):333 – 345.

[13] O'Gorman T J, Ross J M, Taber A H, et al. Field testing for cosmic ray soft errors in semiconductor memories [J]. IBM Journal of Research and Development, 1996, 40(1): 41 – 50.

[14] Schuette M A, Shen J P. Exploiting instruction-level parallelism for integrated control-flow monitoring [J]. IEEE Transactions on Computers, 1994, 43(2): 129 – 140.

[15] Chen Y Y, Chen K F. Incorporating signature-monitoring technique in VLIW processors[C]//Proceedings of the 19th IEEE International Symposium on Defect and Fault Tolerance in VLSI Systems. IEEE, 2004: 395 – 402.

[16] Li X, Gaudiot J L. A compiler-assisted on-chip assigned-signature control flow checking [C]//Proceedings of the 9th Asia-Pacific Conference, Advances in Computer Systems Architecture, 2004.

[17] Mahmood A, McCluskey E J. Concurrent error detection using watchdog processors——a survey [J]. IEEE Transactions on Computers, 1988, 37 (2): 160 – 174.

[18] Aho A V, Sethi R, Ullman J D. Compilers, Principles, Techniques, and Tools[M]. New York: Addison-Wesley, 1997.

[19] 苏伯珙, 汤志忠. 一个基于软件流水技术的 VLIW 体系结构[J]. 计算机学报, 1992, 15(7): 481 – 490.

[20] Oh N, Shirvani P P, McCluskey E J. Control-flow checking by software signatures[J]. IEEE Transactions on Reliability, 2002, 51(1): 111 – 122.

[21] Ragel R G, Parameswaran S. Hardware assisted pre-emptive control flow checking for embedded processors to improve reliability[C]//Proceedings of the 4th International Conference, Hardware/Software Codesign and System

Synthesis. IEEE, 2006.

[22] Tsai T K, Hsueh M C, Zhao H, et al. Stress-based and path-based fault injection[J]. IEEE Transactions on Computers, 1999, 48(11): 1183 – 1201.

[23] Luk C, Mowry T C. Architectural and compiler support for effective instruction prefetching: a cooperative approach[J]. ACM Transactions on Computer Systems, 2001, 19(1): 71 – 109.

[24] Rajabzadeh A, Miremadi S G. A hardware approach to concurrent error detection capability enhancement in COTS processors[C]//Proceedings of the 11th Pacific Rim International Symposium on Dependable Computing. IEEE, 2005: 83 – 90.

缩 略 语

AET	advanced event trigger	高级事件触发
APB	advanced peripheral bus	外围总线
AR	architecture related	与体系结构相关的
ATC	agilent trace core	事件追踪功能
BB	basic block	基本块
BBP	bug birth point	错误产生点
BR	bug region	错误区域
CFC	control flow checking	控制流错误检测
CFE	control flow errors	控制流错误
CFT	compact function trace	紧凑功能追踪
CIC	committed instructions counting	发射指令计数
cLiPP	code layout for I-Cache phase prefetch	面向周期预取的代码排布算法（预取排布）
CMOS	complementary metal oxide semiconductor	互补金属氧化物半导体
COTS	commercial off the shelf	商用器件
CRI	cache line replace interval	cache 行替换间隔
CSM	continuous signature monitoring	连续特征值监督
CTI	cross-trigger interface	交叉触发接口
CTM	cross-trigger matrix	交叉触发矩阵
CT-STM	Ctools system trace module	CTools 系统跟踪模块
CWG	I-Cache work graph	指令 Cache 工作图
DAP	debug access port	调试访问端口

DEBUGSS	debug subsystem	调试子系统
DMA	direct memory access	直接存储器存取
DRAM	dynamic random access memory	动态随机存取存储器
DSP	digital signal processor	数字信号处理器
DTS	defect trace system	调试测试系统
ECC	error checking and correction	错误检查修正
ECT	embedded cross trigger	嵌入式交叉触发器
ECU	electronic control unit	电子控制单元
EDA	electronic design automatic	电子设计自动化
EDMA	enhanced direct memory access	增强直接存储器存取
ETB	rmbedded trace buffer	嵌入式追踪缓冲器
ETM	embedded trace macrocell	嵌入式追踪宏单元
FIFO	first in first out	先入先出队列
FPGA	field programmable gate array	现场可编程门阵列
GbD IPS	gigabit debug for IP sockets	IP 千兆调试
GbD USB	gigabit debug for USB	USB 千兆调试
HSM	hybrid signature monitoring	混合特征值监督
HSSTP	high-speed serial trace port	高速串行追踪通道
HTC	hold time cycle	最小服务粒度
HTI	high-speed trace interface	高速追踪接口
HTM	AHB trace macrocell	AHB 总线追踪宏单元
HW-CFC	hardware CFC	硬件实现的控制流错误检测
IBH	indirect branch history	间接分支历史消息
I-Cache	instruction Cache	指令 Cache
ICD	in-circuit debugger	在线调试器
ICE	in-circuit emulator	在线仿真器
ICD	in-circuit debug	片上调试
IDE	integrated development environment	集成开发环境

ISC	implicit signature checking	内含特征值检查
ISP	in-system programmer	在系统编程
JTAG	joint test action group	联合测试工作组
LBF	longest buffer first-memory management algorithm	最长缓冲优先存储器管理算法
LS Encoder	long & short char encoder	长短串编码器
MCDS	multi-core debug solution	多核调试方案
MIPI	mobile industry processor interface	移动产业处理器接口
N-AR	non-architecture related	与体系结构无关的
NIDnT	narrow interface for debug and test	调试和测试窄带接口
NoC	network on chip	片上网络
NOP	no operation	空操作
OFBU	overflow buffer utilization	基于溢出的缓冲利用率
OFR	overflow rate	溢出率
OIM	original I-Cache miss	原始 I-Cache 失效
PC	program counter	程序指针
PI	prefetch interval	预取容限
PTI	parallel trace interface	并行追踪接口
PTM	program trace macrocell	程序追踪宏单元
PTT	prefetch transfer time	预取传输时间
RAM	random access memory	随机存取存储器
RB	repeat branch	重复分支消息
RISC	reduced instruction set computer	精简指令集结构计算机
RTL	register transfer level	寄存器传输级
SCRate	signature confusion rate	特征值混淆率
SEU	single event upset	单粒子翻转
SH-CFC	software and hardware CFC	软硬件协同实现的控制流错误检测
SIS	signature instruction stream	特征指令流

SPEC	standard performance evaluation corporation	标准性能测试组织
SoC	system on chip	片上系统
SPARC	scalable processor architecture	可扩充处理器架构
SPP	SneakPeek protocol	窥视调试协议
SRH	serve require threshold	服务请求门限
SST	serve stop threshold	服务终止门限
STM	system trace macrocell	系统追踪宏单元
STP	system trace protocol	系统追踪协议
SW-CFC	software CFC	软件实现的控制流错误检测
SyS-T	system software-trace	系统软件追踪
TAP	test access port	测试访问口
TraceDo	trace for debug and optimization	多核片上 trace 调试框架
2D-FFT	two-dimensional fast fourier transform	二维快速傅里叶变换
TETB	TI embedded trace buffer	TI 嵌入追踪缓冲器
TPIU	trace port interface unit	追踪端口接口单元
TS	target system	目标系统
TSM	time signature monitoring	时间特征值监督
TTA	time-time-address checking	时间地址检查
TWP	trace wrapper protocol	追踪包装协议
V-CFC	VLIW control flow checking	超长指令字程序控制流错误检测方法
VLIW	very long instruction word	超长指令字
VLSI	very large scale integrated circuit	超大规模集成电路
WCET	worst-case execution time	最坏执行时间估计